技术集成住宅的本土化实践

——兰州鸿运润园

中国建筑工业出版社

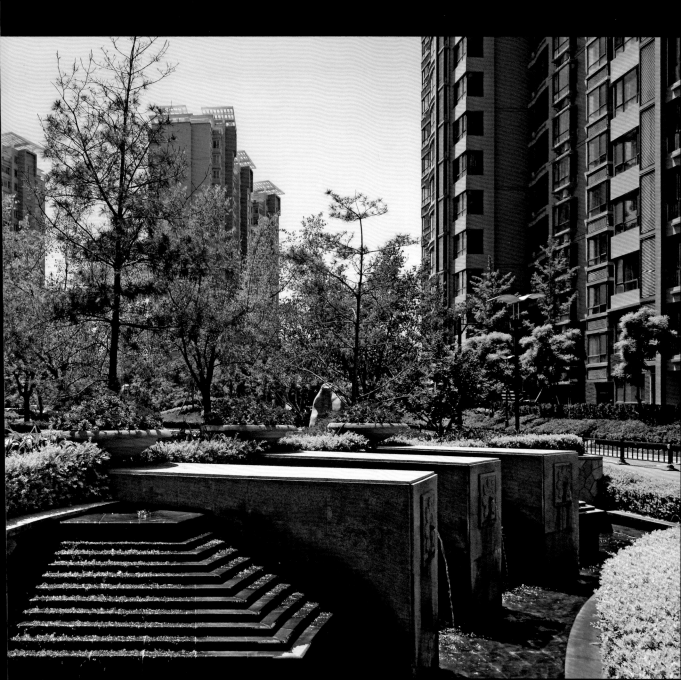

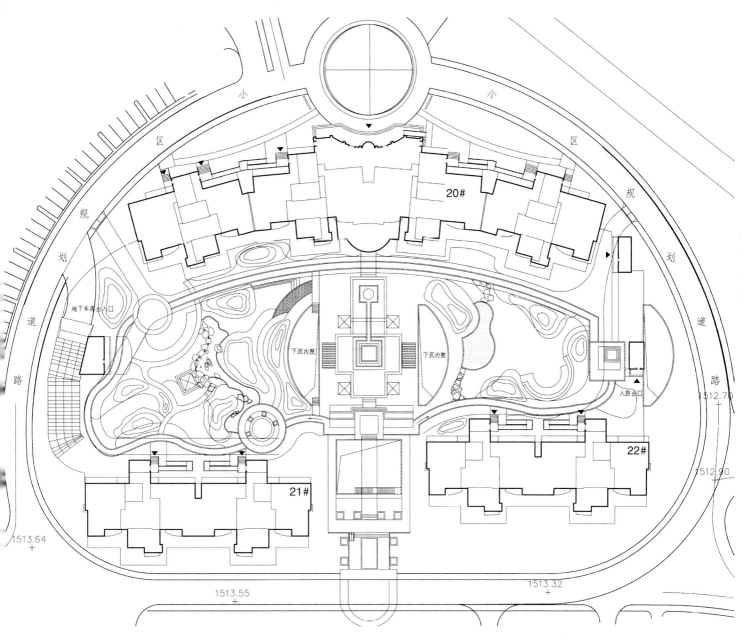

前　言

兰州鸿运润园中日技术集成住宅项目顺利落成，得到业内外的普遍关注与好评。在准备将资料汇集成册之时，我又翻阅了8年前曾在"2007·第三届中国健康住宅理论与实践（大连）论坛"上的发言稿，题为《居住观的引导》。即以此作为启动中日技术集成住宅示范工程的记录，也试图以此作为本书的序言，以求更真实地反映当时的情况。

居住观的引导

2004年在第一届中日"建筑—住宅"交流会上，我曾以《中国住宅"诊断"》为题做了发言，并以"在中国建造'日本技术高集成度住宅'"为题进行了讨论。近两年来，中日双方为此做出了富有成效的努力。时至今日该项工作的意义更加凸显，尤其在健康居住观的建立和引导方面更具现实意义。

一、回顾

在中国建造"日本技术高集成度住宅"示范工程设想的提出，是基于对中国住宅建设发展阶段的考虑。由于中国住宅建设事业迅猛发展，而研究领域和建造技术又相对滞后，"快餐式"的住宅建设比较普遍，在大规模的住宅建设后留下了诸多遗憾。目前我国已告别了"住房短缺"的阶段，伴随而来的是人们对住宅品质的要求不断提高，这时对住宅标准的期望值往往带有不切实际的欲求，超出了国情的承载力。因此，仅以单一的面积指标来衡量住宅的观念就有所欠缺。目前，"精细化"住宅建造已成大势所趋，此时对中国住宅进行研究恰逢其时。

在短短的二十年间，中国住宅所发生的变化可谓是空前的，给无数家庭的居住条件带来了翻天覆地的变化，对社会进步也起到了不可估量的推动作用。也正是因为这近乎"神话"的变化，引发了对"居住观"和"居住观引导"的思考。在总结经验的基础上，提出以引进"日本技术高集成度住宅"并加以创新的方式，推动中国住宅的升级换代，正是这一思考的最好诠释。

中日两国在住宅建设及研究领域具有良好的合作基础，中日合作JICA研究项目《中国城市小康住宅研究》，曾以石家庄联盟小区小康试验住宅为样板，以实物的形式展示研究成果，这一做法产生了事半功倍的放大效应，至今仍具有现实意义，为中国的住宅建设事业起到了重要的推动作用。今后中方准备在适当地点建造"日本技术高集成度住宅"示范工程，用以移植嫁接日本的成熟技术，总结经验、不断创新。该提议也得到了日方的积极回应。日本建筑中心和美好住宅中心（BL）等部门给予了高度重视，两年间，双方进行了多次交流。这是以此为契机推动该项目顺利开展、落地实施的良好契机。

二、政策

中国政府提出建设和谐社会、节约型社会的目标，对住宅建设提出了"节能省地"的要求。并且在2006年5月由国务院转发了《关于调整住房供应结构、稳定住房价格的意见》，指出房地产业是我国新的发展阶段的一个重要产业支柱，引导和促进房地产业持续稳定健康发展，有利于保持国民经济的平稳较快增长，有利于满足广大群众的基本住房消费需求，有利于实现全面建设小康社会的目标。该《意见》明确了在"十一五"期间以建设 90㎡ 以下套型建筑面积的普通住宅为主的要求。该政策的出台是针对目前我国住宅建设市场出现的偏差提出的，从可持续发展的观点来说，这是一项利国利民的政策。

这项政策的出台，引发了各界的反响，其中不乏对面积控制的不同意见。持反对意见的人强调应以市场为导向，并强调大面积住宅的优越性。不容置疑，住宅的舒适度确实是以一定的面积标准为基础实现的，但是中国的国情能在多大程度上承受以土地换豪宅的冲击，值得深思，故必须审慎对待。

近年来中国人的居住观受到媒体的过度宣传，如对"豪宅"、"大宅"、"超级大宅"的宣传比比皆是，助长了购房者相互攀比、超前消费的心态。中国人曾长期面临无房、缺房的困境，因此向往幸福居住条件的迫切感表现得尤为突出；同时，住房投资的利润最大化也加剧了大面积住房的市场需求。应该指出，从国家角度提出"90平方米"的标准是比较客观的。香港、新加坡等地的普通住宅面积相当于这个标准，这也是为适应当时当地的要求而提出的，最终目的是在宏观控制面积的基础上提高舒适度，在更高层次上圆全体中国人的"住宅梦"。

开始提出"日本技术高集成度住宅"的设想时，在面积标准上是有疑义的。中方的开发商甚至认为 120 ~ 150㎡ 的套型就算是小面积。而日方则建议应将套型面积控制在 70 ~ 100㎡，该面积标准也正是体现日本住宅设计成熟性和合理性的最佳值。今天看来，日方当时的建议与中国的现行政策恰好吻合，而且更具示范作用。

三、从"经装修"到"精装修"

我们应该从日本引进什么？

中国住宅建设的发展速度奇迹般地展示在世人面前，日本同行对此给予了高度评价。在当今这样一个既有的高度平台上继续攀登，较之当年在低水平上的发展要更加艰难。近年来，我们做了不同的尝试。但是总体上讲，产业化水平偏低制约了中国住宅的后续发展。在中国"土建装修一体化"被称之为"精装修"楼盘，从实际调查结果看，效果并不理想；其原因在于与人们对居住条件的要求仍有距离，难以满足住户需求的多样化和个性化。由此得出的结论是，要引进适当的产业化技术。日本普通集合住宅的成套建造技术与我国的发展阶段比较匹配，所借鉴的内容也最为充分。

日本集合住宅建造体系值得学习之处颇多。其在住宅建设政策方面的研究和实践更有可资借鉴之处，这也是本次示范的重要组成部分。

特别要指出，引进的技术和部品不应该浮于表面模仿，而要有实质性的提高。我们不禁陷入深思："中国的住宅比日本落后吗？究竟落后多少年？如何消除这个差距？"

也正是出于这种思考，建立在产业化基础上的"经装修"，才可以达到实际上的"精装修"。让更多的人切实感受到精细式住宅的优越性，从而改变单纯追求面积指标的居住观。

四、理论创新引导"居住观"

中国自古有"安居乐业"的说法，把居住摆在非常重要的位置。改革开放以来，特别是住房商品化以来，中国人的住宅发生了质的变化，从住居学的角度分析，达到了空前的文明程度。食寝分离、居寝分离、动静分区、洁污分区、干湿分区等观念已深入人心，"三大一小"等理念也深得推崇。大规模的住宅建设也正是在这些理论指导下完成的，其历史功绩不可磨灭。但应该指出的是，发展到今天，住宅建设应该有更高层次的理论创新，以发展的眼光、前瞻的眼光引导中国人的"居住观"。

中国人的生活方式已经今非昔比，新的生活方式也应该给住宅赋予新的内涵。"三大一小"是否仍能适用？《住宅设计规范》中的一些规定是否可以被突破？厨卫设施是否可以更新观念？信息化社会对住宅提出了怎样的要求？带着这些问题，我们试图以日本成熟的集合住宅建造技术对我国现状建造方式进行对比性研究，在理论和实践上这将是一个有益的尝试，对树立正确的"居住观"也将是一个促进。

五、实施计划

- 建议将"日本技术高集成度住宅示范工程"更名为"中日技术集成住宅示范工程",这对该项目的开展更具有广泛的现实意义和历史意义。
- 建立中日双方的联系机制,成立各自的机构和联合机构,建立共同的工作平台。中方以中国建筑设计研究院(集团)等为组织实施单位,日方以日本建筑中心、美好住宅中心(BL)等为组织实施单位。
- 从分析中国住宅建设中的问题和发展前景入手,继续以"诊断"的方式提炼中日双方共同感兴趣的课题和关键性技术,形成合作研究团队,确定示范项目的内容,尽快完成前期准备工作。
- 选择具有显示度的项目进行深入研究,中日双方相互考察,以项目为载体确定实施的可行性,确保示范工程的顺利完成。
- 中方在不同地区和不同条件的城市选择若干项目。
- 中方希望得到日方在建安造价方面的资料,做出前期经济比对测算,便于确定实施项目。

　　兰州鸿运润园中日技术集成住宅的落成,实现了当初的设想,树立了一个触手可及的样板。这里凝聚了太多人的辛苦和努力,也承载了参与者们的理想与梦想。对于开发商而言,其意义已远远超出了一个开发项目;对于科研设计人员而言,将是职业生涯中可圈可点的一章。最为值得称道的是,通过这个项目培养了一批各方面的人才。居住观的改变、健康居住观的建立从这个项目开始,将附着于如雨后春笋般的更多开发项目,在辽阔的中国大地上生根成长。

Preface

Lanzhou Hongyunrunyuan China-Japan Tech Integrated Housing Project was successfully completed, receiving wide attention and praise from both within and outside the industry. When preparing materials to compile a book regarding this project, I went through transcript of my speech made during "the 3rd China Healthy Housing Theory and Practice Forum (Dalian)" held 8 years ago. The title is Guiding the Concept on Housing. I'd like to use it as the record of the launching of China-Japan Tech Integrated Housing Demo Project and as the preface of this book so as to truly reflect the situation at that time.

Guiding the Concept on Housing

During the first China-Japan "Architecture-Housing" Workshop in 2004, I delivered a presentation entitled Diagnosing China's Housing, and discussed the topic of "Building Japanese Tech Highly Integrated Housing" in China. For two years, China and Japan have made effective efforts and nowadays the significance of this work is more evident. In particular, it has played an important role in establishing and guiding the concept on healthy housing.

1. Review

The proposal of implementing the demo project of "Japanese Tech Highly Integrated Housing" in China is based on the development stage of China's housing construction. Because China's housing construction has developed very fast while research and construction technology are lagging behind, "fast food" construction is more commonplace. Behind the massive construction are many regrets. At present China has bid farewell to housing shortage and people's requirement for housing qualities has increased. However, people's expectations for housing standard are usually unrealistically high and beyond the capacity of our country. So, the concept of only measuring houses with a simple area index is defective. Nowadays housing construction in a refined way has become an inevitable trend and it is very important to conduct in-depth research on China's housing industry.

Within a very short span of 20 years, changes in China's housing sector have been unprecedented, which has fundamentally changed innumerable households' living conditions. The improvement of living standards has advanced social progress in an immeasurable way. The miraculous changes have triggered new ideas on housing concept and on how to guide people's housing concept. On the basis of summarizing experience, the proposition of introducing "Japan Tech Highly Integrated Housing" combined with innovation to enhance the upgrading of China's housing is the best illustration of this kind of thinking.

China and Japan have good cooperative foundation in housing construction and research. The joint JICA research program of Research on China's Urban Housing in a Moderately Prosperous Society (xiaokang in Chinese) used the Xiaokang Experimental Housing in Shijiazhuang Alliance Community as a sample and the research findings were showcased in a physical way. The project has had an amplification effect of accomplishing twice as much with half the effort. In the future China prepares to implement demo program of "Japanese Tech Highly Integrated Housing" in a proper site, so as to transplant and summarize experience, and innovate. This proposal has been actively echoed by Japan and Japanese Architecture Center and Japanese BL attached great importance to this. During the last two years, the two sides have negotiated many times, which presents a good opportunity to implement and advance the project.

2. Policy

The Chinese government has set the target to build a harmonious and resource-efficient society and put forward the requirement of saving energy and land concerning housing construction. In May 2006, the State Council issued Opinions on Readjusting the House Supply Mix and Stabilizing Housing Price, pointing out that real estate sector is the important pillar in our country's new development stage. Guiding and advancing the continuous, stable and sound development of real estate sector is conducive to maintaining a steady and fast growth of national economy, meeting people's basic housing needs and meeting the target of building a moderately prosperous society from all aspects. The Opinions specifies the requirement of mainly building ordinary apartment with a floor area of less than 90 square meters during the 11th Five Year Plan period. The introduction of this policy is targeted at the deviance in our country's housing construction market. In accordance with the concept of sustainable development, this policy is in the interest of our nation and people.

The introduction of this policy has generated warm reactions from people in all walks of life including controversies on the floor area control. The opponents stress the market-oriented concept, highlighting the advantages of apartments with large area. Undoubtedly, a large apartment is more comfortable, but given the situation in China, we need to measure the impact of using scarce land to build large luxury apartments or villas, so a prudent attitude should be adopted.

In recent years, Chinese people's housing concept has been overly publicized. Advocacy of "Luxury Apartment", "Big Apartment" and "Super Apartment" has been prevalent, which fuels the buyers' consumption mentality of overspending and keeping up with the Joneses. Obviously people are eager to possess a pleasant living condition because of the long-term lack or shortage of comfortable housing. The maximization of profit from investing in housing has exacerbated the market demand for apartments with a large floor area. It is noteworthy to point out that the standard of "90 square meters" is objective from the perspective of our nation. Singapore and Hong Kong have such a floor area standard on ordinary housing in order to adapt to local conditions. The ultimate goal is to enhance comfort on the basis of controlling floor area in a macro way and realize Chinese people's "housing dreams".

When "Japanese Tech Highly Integrated Housing" was first proposed, there was controversy on the floor area standard. Chinese developers even thought the apartment type of 120–150 square meters was reasonable. However, Japan had always insisted on their proposal that the floor area should be controlled within a range of 70 to 100 square meters, which standard can reflect the optimal and mature design of Japanese housing. Japan's standard at that time is consistent with China's current policy, thus more exemplary.

3. From Crude Decoration to Refined Decoration

What should we introduce from Japan?

China's housing construction is developing in a miraculous way which has been highly applauded by Japanese counterparts. It is harder to improve the already good work currently compared with developing on a low level in the past. In recent years, we have made different trials, but generally speaking, the industrialization level of this sector is low, which restricts the development of China's housing construction in the nest stage. In China "integration of construction and decoration" is called property with fine decoration. However, surveys have revealed the result is not ideal. Because there is still a long way to go to meet people's living requirement and it is hard to meet their diverse and individualized housing needs. The conclusion is that we need to introduce industrialization technology and that the unit-based Japanese integrated housing construction technologies of is consistent with our development level and offers the best model we can learn from.

There are many things that we can learn from Japanese Integrated Housing Construction System.

There is a lot to learn from Japan in research on and practice of housing construction policy. This is also an important part of this demo program.

It is worth mentioning in particular that the introduced technology and parts should not be the superficial imitation but rather the substantive improvement. The following questions should be carefully considered: "Is China's housing industry lagging behind Japan's? If so, to what extent? How can we narrow the gap?"

For this reason, only "basic decoration" on the basis of industrialization can realize the real "fine decoration" so that more people can feel the superiority of a delicately decorated apartment and change the housing concept simply based only on the floor area.

4. Theoretical Innovation Leads Living Concept

In ancient China, there was the expression of "live and work in peace and contentment". Living condition was deemed very important. Since reform and opening up in late 1970s, especially since commercialization of housing, Chinese people's living conditions have changed substantially. It reaches an unprecedentedly civilized level judging from the perspective of Inhabitation Theory. The concept of the separation of areas for dining and sleeping, living and sleeping, moving and resting, cleanness and dirtiness, dry and wet functions has already been very popular in China. The concept of "Three Big and One Small" is also highly regarded. Apartment buildings have been constructed on a large scale under the guidance of these theories. The historical contribution of these theories is indelible. However, it should be pointed out that there should be higher-level theory innovation in today's housing construction. Chinese people's living concept should be guided in a dynamic and forward-looking way.

Chinese people's lifestyle is not what it was used to be. The new lifestyle should also give new meaning to housing.

Is "Three Big and One Small" applicable? Can some rules in House Design Standards be challenged? Can the philosophy on kitchen and sanitary facilities be updated? What new requirements will the information society pose on housing? It will be a rewarding trial both in theory and practice to compare China's current building pattern with Japan's mature housing construction technology. This will help establish the right housing concept.

5. Implementation Plan

a. It is suggested that Japanese Tech Highly Integrated House Demo Program is renamed Japanese Tech Integrated House Demo Program which is of more realistic and historical significance to the development of this program.

b. We should establish a liaison mechanism between China and Japan, set up respective institutions in both countries and a joint institution and build a common working platform. CAG in China will be a coordinator and Japanese Architecture Center and BL will be coordinating the activities of the Japanese side.

c. We should identify some research topics and key technologies that interest both China and Japan in a diagnostic way by analyzing the problems and prospect of China's housing construction, establish cooperative research teams and decide on the content of the demo program. Preparatory work at the early stage should be carried out as soon as possible.

d. We should conduct profound research into programs which can be demonstrative. Both sides should visit each other and decide the feasibility of implementation with project as a vehicle to ensure the success of the demo program.

e. The Chinese side should select several projects in different regions and cities with different conditions.

f. The Chinese side hopes to get the Japanese side's information on construction and installation cost and make rough comparative calculation so as to decide on the project implementation.

With the completion of Lanzhou Hongyunrunyuan China-Japan Tech Integrated Housing Project, we have realized the initial plan and set a replicable prototype. It is the result of many people's hard work, and it is also the ideal and dream of many participants. For developers, it is more than a program. For scientific researchers and designers, this will be the highlight that they can be proud of in their career. The most important thing is that the program has cultivated a large number of talents in many fields. The change of housing concept and the establishment of healthy housing concept start from the program will flourish when more development programs mushroom in China.

LIU Yanhui

技术集成示范住宅关键技术设计

住宅性能 3A 标准的技术策略

1

项目背景概述

改革开放以来我国的住宅建设得到了稳步增长，增长速度之快、提高幅度之大是举世公认的。古今中外，人们对住房的需求，永远是多层次的，但在此之前，中国的计划经济体制下的住房实物分配，曾经模糊了这种多层次性，因而必然形成住宅建设千房一面的局面。但是，住宅商品化和住宅产业化进程的推进改变了住宅的设计—建设模式，住宅建设和规划设计水平由此跨入现代住宅阶段。自1999年起，在已有试点、示范小区建设经验的基础上，启动国家康居示范工程，将先进合理、适用的住宅技术推广应用到住宅建设中，以现代企业集团为主，带动住宅产业的发展。尤其是国家2000年小康型住宅科技产业工程项目是以科技为先导、以市场为导向，促进住宅科技与住宅建设的全面结合，通过试点项目，在住宅小区规划设计、住宅工程、施工安装、物业管理等环节做出示范性和先导性的探索。

受地域所限，兰州的经济文化与城市建设的发达程度与内地相比是较为滞后的，但是兰州人对现代居住生活品质有自己的追求。"鸿运润园"技术集成示范住宅在兰州的落地建成就是典型案例，他首次实现了中日两国在住宅技术方面的交流与合作。在对技术集成住宅体系的消化吸收和改进创新方面都有独到之处，率先引领了普通住宅向技术集成型住宅方向的发展。

1.1 项目建设的发展

"鸿运润园"住宅项目是由甘肃天鸿金运置业有限公司开发建设，由国家住宅工程中心培育的健康住宅试点小区。他从起步建设阶段起即顺应国家在基本建设领域实施的节能目标，率先全面落实科技节能措施。其项目中所应用的新工艺、新材料、新技术在西北地区领先一步，被甘肃省列为建筑科技节能试点工程，也因此拥有了多项科研成果。

尤其在中日技术集成住宅示范项目的策划和建筑设计的过程中，中国建筑设计研究院与甘肃天鸿金运置业有限公司建立了相互理解和相互信任的伙伴关系，在本次中日合作项目的设计实践和落地建设过程中彼此经历了同样的艰难困苦，在项目竣工后也共同分享着丰厚的技术成果。

1.2 项目建设基础条件阐述

"鸿运润园"位于兰州市雁滩地区，北邻黄河，西邻新港城，东邻雁滩中轴大道606号规划道路，南邻雁滩黄河大桥东延大道605号道路；交通便利、出入快捷。鸿运润园住区总占地面积558亩，其中建设用地416亩，规划容积率为2.25，建筑密度25%，绿化率约51%，总建筑面积约70多万平方米（图1.1～图1.3）。

图 1.1 兰州市区远眺

图 1.2 兰州鸿运润园卫星截图

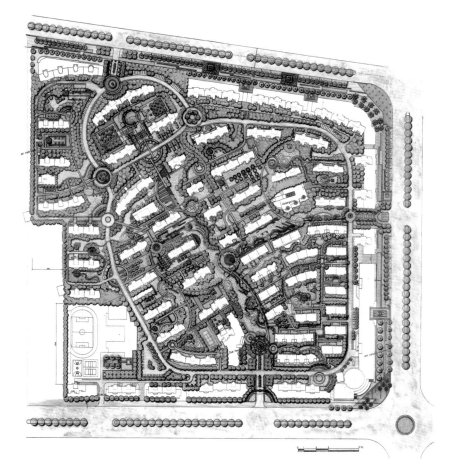

住区环境清静、曲径通幽，楼宇错落有致，远山近水浑然天成；是兰州市开发规模最大、集"健康、休闲、安全、绿色、人性化于一体"的现代化高尚居住区（图1.4）。

住区基础设施完善，文化、体育、娱乐、休闲、健身等功能配套齐备，并设南、北两个会所，具备餐饮、咖啡、上网、棋牌、儿童活动、室内游泳、SPA桑拿、运动健身、休闲娱乐、多功能厅等综合功能。社区内各种室外健身设施满足大众锻炼身体的需要，智能化系统先进，并配有 IC 卡智能管理系统、水景自动监控系统、智能化管理照明系统、数字式可视对讲和报警系统、主动式红外线报警防范系统，大大提升了园区内部的生活便捷性和安全性。

图 1.3 兰州鸿运润园住宅小区总平面图

图 1.4

1.3 项目建设技术交流综述

2007 年 4 月，中国建筑设计研究院与日本日中技术集成示范项目支援协议会签订合作协议，在中国开展技术集成示范项目。甘肃天鸿金运置业有限公司率先提出申请，在兰州鸿运润园住宅项目中开展试点尝试。一个将日本先进技术与中国本土风格住宅天衣无缝对接的机遇悄然来临。

2007 年 10 月，国家住宅工程中心组织包括日本专家在内的建筑设计团队和产品供应商一行 13 人共赴兰州，对该项目进行全方位考察，商讨技术集成住宅示范项目合作事宜，鸿运润园作为首个中日技术集成示范项目开始筹备。之后，包括甘肃天鸿金运置业有限公司领导在内的中方人员多次应邀赴日本考察与技术集成住宅相关的项目，参观了大成建设、三井住友建设等公司的住宅项目以及样板展示区和施工工地，学习了当时最具代表性的技术、设备、装修标准，以及工地管理等经验。中日双方的合作意向初步达成。

接下来，中日双方就集成住宅技术与示范工程的实施展开充分交流。最终确定以中国建筑设计研究院国家住宅工程中心为主，成立"中日技术集成住宅兰州示范项目研究小组"，展开专项研究，并于 2008 年 4 月签署了"中国建筑设计研究院、日本支援协议会、日本市蒲设计公司、兰州天鸿金运置业有限公司关于兰州鸿运润园设计项目四方备忘录"。这标志着中日技术集成型住宅鸿运润园示范工程建设的正式启动。

1.4 技术集成示范住宅的内涵

集成是指为实现特定目标，集成主体创造性地对集成单元（要素）进行优化，并按照一定的集成模式（关系）构成一个有机整体（集成体），从而更大程度地提升集成体的整体性能，使之适应环境变化，更加有效地实现特定的功能目标的过程。

技术集成住宅强调创造性，通过发挥设计人的创造力和主动性，把各个独立的、适宜的集成技术有机地整合在一起，充分实现优势、功能及结构的优化互补，从而使住宅发生质的跃变，整体效果获得骤变放大。可以说，创造性的思维是集成的核心，最终实现整体优势以及整体优化的目标。

鸿运润园一期在已交付使用的情况下，锁定二期位于中轴线北端的三栋高层住宅作为技术集成示范项目，开启了中日合作在西北地区住宅建设的实践先例（图 1.5 ~ 图 1.12）。总之，这个项目既要借鉴日本住宅设计的优点，又要结合国内多项成熟的实用技术，还要依托本土化的施工手段来建造，加之所有部品都要通过工业化生产再到现场组装完成，由此探索精装修住宅一体化系统设计实践。在本土化施工实践中，如何保证设备、设施的安装无缝衔接以及做到部品的高质量安装、高效率施工，摸索出技术集成型住宅土建施工、管线安装、装饰装修施工、工厂化部品快速装配的兰州精品住宅产业化建造的创新模式。

值得一提的是，鸿运润园在首批国家健康住宅试点工程的基础上，加上一系列新技术集成模式的综合应用，以及成品房全部采用精装修交房标准，成为兰州住宅建设市场上最大的亮点。建筑设计完成后即申报了住宅性能专项评定且达到3A级标准；户型中的技术创新获得三项国家专利技术；2014年通过了国家级绿色建筑的评定，达到3星级标准。

图1.5 鸿运润园鸟瞰图

图1.6 示范住宅总平面图

图1.7 示范住宅鸟瞰图

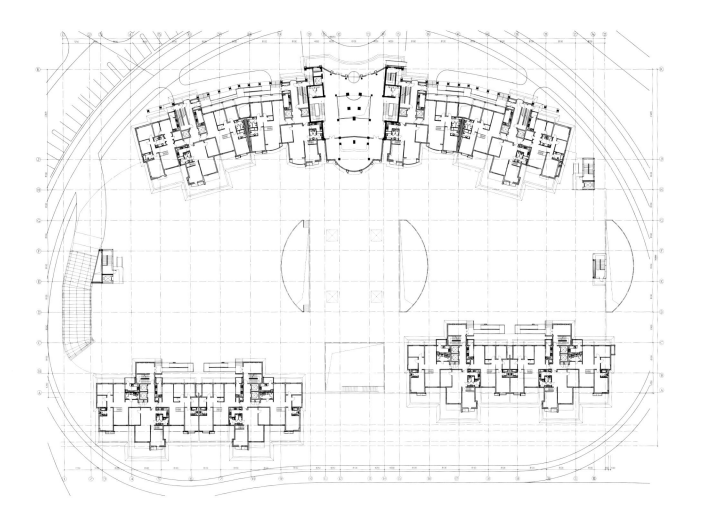

图 1.8 首层平面图

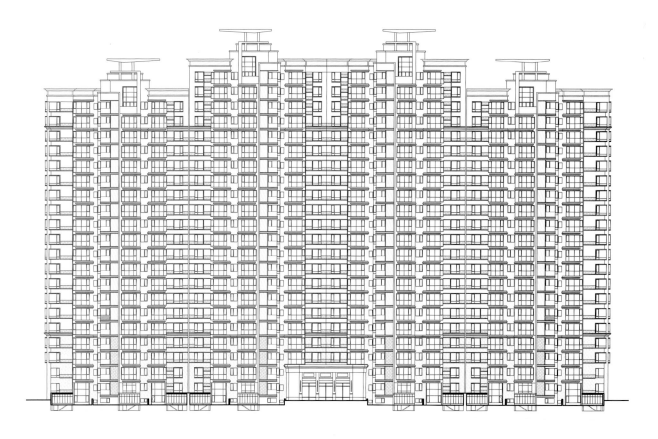

图 1.9 轴立面展开图（一）

图 1.10 轴立面展开图（二）

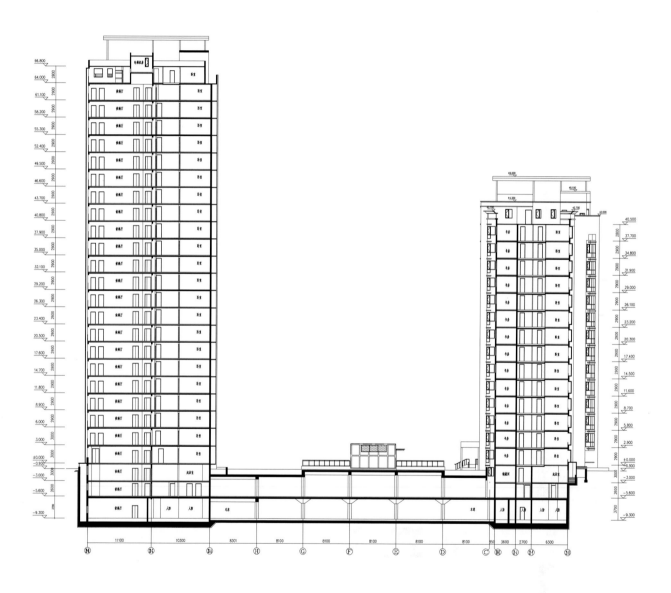

032

图 1.11 剖面图

图 1.12 建设过程照片

2

项目的思考与定位

我国住宅建设经历了改革开放后的快速发展期，极大地改善了国民居住条件，其中不乏建筑精品。但就全行业而言，尚存在着诸多问题。其中，以实现住宅的产业化、精细化和性能化等方面亟待提高。

在住宅研究领域我国与日本有较多的合作，也积累了相对成熟的经验，技术集成住宅概念的提出，即是试图将各国的先进技术与我国国情及区域状况相结合。首选将日本的成熟技术运用于我国的实践，希望以此形成直接对比，用以总结经验，逐步推广。项目研究的重点放在如卫生间、厨房、门厅、储藏等空间的利用及节能、换气、设备等方面。

现阶段的住宅设计重视舒适性，强调可持续发展，合理利用资源，加大科技含量，注意生态环境的保护。本项目的设计实践对解决住宅设计中某些长期存在的问题进行了积极有益的探索和尝试。

过往的实践让我们深有体会，成功的机会是留给有准备之人的，但当机会摆在面前的时候，考验的是人对机会的把握和判断能力。在项目合作过程中，面对各种技术落地实施充满挑战的情况，设计团队一次次的反复推敲和深入研讨，每一个人都为此付出了艰辛的努力。对于这个仅有420套住宅的中日技术集成示范项目，贯穿着中日双方建筑师与建设方精益求精、谋求进取的精神。

2.1 日本住宅的简要特点

二战以后，日本国家经济高速发展。在整体科技进步上和人民生活水平上，日本发展的步伐都要早我国很多年，特别是在住宅方面日本做了很多探索，有很多新的技术和方法，住宅的产业化程度在全世界范围都是比较高的。考察过日本住宅的人都会深有感触，实用、精致、灵活和标准化是其主要特点，且日本住宅都要经过精装修后才对外销售。其住宅建设是通过使用最先进的设备，提高住宅品质，来促进住宅销售的。

日本的住宅面积虽小，但卫生间的标准却很高，常按使用功能分为洗浴、化妆、如厕三个各自独立的空间（图2.3）。厨房常常设计为开放式，重视空间的流动和视线的贯通，洞口及动线的巧妙设计使得室内空间极为丰富（图2.2）。再加上储藏空间的有效设置见缝插针、分类明确，住宅空间的利用率和舒适性都达到了较高水平，非常有借鉴价值（图2.1）。

由于日本的地理位置距离我国较近，文化、民族、环境、民众生活，包括文字都十分相近，甚至连人口密度都比较相似，所以日本住宅对我国的住宅建设具有较大的借鉴和指导意义。现阶段要在我国全面实现住宅的工业化生产尚不具备条件，况且我国住宅的建设现状与日本住宅建造之间存在一定差距，这也是短时间内无法逾越的鸿沟。鉴于我国西部现有社会经济发展和施工建造技术相对滞后等因素，我们的项目如何有效汲取日本住宅的精华、做到技术层面的综合提升，是国家住宅工程中心设计团队亟待解决的重要课题。

图 2.1 日本住宅室内家具墙
图 2.2 整体厨房与餐厅相结合

图 2.3 卫浴分离

2.2 住宅建设的本土化发展

最近几年不同行业都在提倡本土化这一概念。它的核心是：企业一切经营活动以消费者为核心，而不以商家的喜好、习惯为准绳。这就意味着本土化没有既定的模式，是一个强调自由、创新、灵活性和适应性的过程，是经验的不断积累，也可以理解为是一个没有终点的实践过程。建筑设计中的本土化概念既是指建筑物形象和样式的本土化，也是指功能与材料等物质层面的本土化。当前各地建造的高层住宅楼，已经开始结合当地自然条件，结合中国居民的经济条件和居住需求，采用适宜的材料、技术、设备等进行开发和建设，这是一个良好的开端。

如果说之前毛坯房大量供应的市场是我国住宅本土化开发的初始阶段，而刚性需求造成的购房者饥不择食又为这一模式提供了广阔市场，对此也无可厚非。但国人的生活水平已由温饱阶段步入小康阶段，从吃得饱转而选择吃什么；显然毛坯房已无法满足其消费需求，且毛坯房的二次装修也容易在住宅质量乃至安全方面留下隐患。因此精装修住宅的常态化供应成为有眼光、有抱负的开发商的不二选择，由此产生了全装修住宅的建造和市场供给，这也实现了我国住宅建设的质的飞跃。

2.3 项目基础性调研与解读

调查研究、换位思考永远是设计灵感的动力和源泉。首先，我们与甲方共同开始了调研之旅。前期是日本集合住宅的实地考察和技术交流，接下来走访了北京几个知名的住宅项目，如星河湾、上地 MOMA、万科紫台等精装修住宅案例，直至居然之家、红星美凯龙等大型家居建材市场的产品浏览；最后是对博洛尼整体家居样板房、松下北京生活体验馆的调研，并与两家公司就在西部打造精品住宅的合作意向展开多次会谈。经过了半年的可行性分析同时参考建设方对兰州市房地产市场的分析，为项目的准确定位及实施奠定了基础。

在将日本先进的设计理念和成熟的技术工艺本土化落地的过程中，要避免雷同而彰显个性，在有限的空间里发挥无限的想象力，人类智慧的结晶必然是共享互惠的。中日双方设计团队以此为抓手，在整体规划和楼盘外观不变的条件制约下，只能眼睛向内，在优化功能和精细化设计上做足文章。以三栋楼的户型平面设计为突破口，形成舒适、便捷的居住空间。这个合作项目是对各参与方的考验，在设计过程中，团队协作攻克了许多难题；这是技术集成住宅设计实践的难点，也是焦点。

2.4 技术集成型示范住宅的设计定位

中国住宅建设的发展速度奇迹般地展现在世人面前，日本友人对此也给予了高度评价。在当今这样一个既有的高度平台上继续攀登，较之当年在低水平上的发展就要更加困难。近年来，我们经历了不同的尝试，但是总体上讲产业化水平偏低制约了中国住宅的再发展。在中国"土建装修一体化"即所谓"精装修"的楼盘，从实际的调查结果看，市场效果并不理想，其原因在于"精装修"水平与人们对居住条件的要求仍有距离，难以满足多样化和个性化的住户需求。我们由此想到的是，要引进适当的产业化技术。引进日本普通集合住宅的成套建造技术与我国目前的发展阶段比较匹配，所借鉴的内容也最为充分。

经过反复研究和充分的交流，各方对项目定位达成如下共识：中日技术集成住宅的合作，不是照搬日本技术，而是中日技术充分交流合作的结果，是双方技术优点的综合应用。通过技术的引进和改良，建立适合中国住宅市场的技术集成住宅体系。项目的目标是打造基本符合各阶层各类型购房者各阶段住宅需求、最大限度的集约化的宜居住所。

2.5 技术集成型示范住宅的设计理念

日本集合住宅建造体系值得学习、借鉴的方面有：a，外围护结构保温隔热节能；b，架空地板及隔声；c，给排水系统及中水系统；d，室内通风换气；e，管线综合布置；f，厨房、卫生间及燃气系统；g，智能产品；h，门窗；i，装饰装修；j，结构体系；k，施工等。但是要结合西部情况选择性吸纳。特别要提出，引进的技术和部品不是皮毛上的模仿，而应有实质性的提高。也正是出于这种考虑，建立在产业化基础上的装修才可能达到实际上的"精装修"，让更多的人感受到精细化住宅设计的优越性。

住宅要想做到精益求精，就要把握好业主的需求。设计团队充分吸收外来经验，大胆摒弃以往先出施工图，后进行室内设计的习惯模式，而采取建筑设计与室内装修设计同时开始、齐头并进的思路。在设计初始阶段即对室内部品进行布置，并且配合各专业系统化设计一步到位；同时采用先进的BIM设计技术进行管线布局检查，用建筑与精装一体化设计理念优化户型。

设计过程中集采各方专家对户型的理解和意见，在细节上追求完美与实用。采用嵌入式部品平面布置，避免了室内动线两侧突出部品布置对人体心理产生的负面影响。比如半开敞式厨房与餐厅的关系紧密；餐厅与客厅通过展示空间进行衔接，共用卫生间与客厅及居室如何使用便捷；开窗位置兼顾室外环境；精心推敲外窗的比例关系；建立室内各主要功能空间之间的视线联系；打破生活阳台作为杂物间的模式，使之成为有功能的复合型空间等设计要素。建筑设计实现户内交通流线与功能空间的完美结合，使套内的空间利用达到极致和最大化。结构设计在满足安全的前提下，把固定墙体减到最少，从而实现可持续发展。设备设计将设备设施的实用技术整合并协同应用；率先使用清洁能源并与建筑有机结合；采用多种节能技术并高于地方标准；在西部率先实现65%的节能目标。通过各项综合技术的应用，完成技术集成型住宅的设计实践。

3

技术集成型住宅的户型设计

户型设计是住宅项目的灵魂，户型的适宜与否直接决定着项目的成败。它体现着设计者对生活的理解，更体现着设计者对老百姓先进生活理念的引导，同时还需兼顾地域特点和生活习惯的保留。本项目的户型设计分为客户需求研究与分析、原始户型的分析与优化、户型的精细化整合设计实践三个阶段，最终实现户型的精品化设计理念。

3.1 需求研究与分析

3.1.1 使用者基本需求概述

有过购房经历的人都有相同的感受，即没有足够多的钱肯定买不到像样的房子；但即便有了足够多的钱，在住房市场上，仍然挑不到满意的户型。各种各样的问题接踵而至，大到功能布局存在瑕疵，厨房不是太小就是布置不合理；小到设备、设施布置不合理；卫生间洁具布置不合理，房间面积够大却还是缺少储藏空间。其实大家都明白住宅户型没有最好，只有更好。现如今房地产市场呈现不愁卖的火爆场面，我们还是要问什么样的房子是"好房子"呢？结果是找不到标准答案。

开发商在激烈的市场竞争的重压下除了要考虑楼盘的区位优势、整体规划、单体外观之外，户型设计应是重中之重。一般来说除了位置、价格、交通、综合保障，业主关注的就是户型内部空间的划分和功能要素。以合理的价格买到设计合理、功能齐全、细节精准、外可融入自然内可便利生活的产品是为上乘之选。这种安适的生活方式的营造

需要建筑师与各专业工程师的深度参与和对用户需求的深入了解，因此建筑师身上的责任也就愈发重大。

3.1.2 使用者需求的量化分析

- 户型的调整应充分尊重当地市民的生活习惯，且应参照本地风水观念等因素进化优化；
- 进门处应设门厅和对景墙，遵循中国人的生活习惯；
- 餐厅与客厅之间应形成良好的对位关系，以保证视线的联系；
- 大户型应设置保姆间，150㎡ 以上的户型房间设施应完善；
- 注意边单元端部优势的利用（楼栋端部的优势在于有开阔的视野、三个方向的采光和良好的通风资源）；
- 厨房应考虑个性化选择的需求，可以在部分户型中实现餐厨合一的形式；炉灶的位置遵循中餐饮食习惯设置；在餐厨设计中注重流线的合理性；厨房与餐厅之间可采用轻质隔断，增加使用的灵活性；
- 入户门采用不小于 1100mm 的子母扇，注意大小扇位置应避免开启时与门厅柜的交叉；
- 南北相对的居室门应避免出现错位现象；
- 居室门和窗的关系要避免通风死角，保证居住空间的空气质量；
- 卫生间门开启后尽量不正对坐便器；
- 主要功能空间尺度：起居室开间应为 4200～4500mm，主卧室开间不应小于 3600～3900mm；
- 户内走廊尽量顺应地域性身高特点对净高的要求，有效控制通风系统的管线高度；

- 遵循起居、生活、学习流线，对应各自功能空间合理设计整体家具；
- 双卫户型的共用卫生间，淋浴、如厕采用单独隔间，满足家人同时起居的使用需求；
- 洗衣机要固定位置并设置托盘和专用地漏，避免使用中漏水的可能；
- 太阳能水罐、燃气炉、空调室内机要结合家具隐藏设计。

3.1.3 针对产品需求的总结

通过对需求和需要解决的问题的分析不难看出，该项目所要达到的目标已经超出了普通住宅的常规设计范畴。精品住宅设计更具有挑战性，它迫使我们深入思考、认真对待。住宅的本土化技术集成不是简单的复制，其设计理念的本土化融合，及其兼容性和适应性要遵循当地居民的生活习惯，要经得起时间和各种外部条件变化的挑战；选择关键要素进行整合，是一个再创造的过程。

居住的品质和房屋的价值往往和细节上花费的工夫成正比，有时候这还不仅仅是经验和技巧的问题，而是设计团队付出的心血和智慧的结晶，又和他对市场的理解、对项目的准确把握有关系。在借鉴某些外来模式的同时，又不能脱离中国本土的生活习惯与文化传统，鸿运润园的核心成果必将产生巨大的引导作用。

3.2 条件限制下的户型分析与优化

鉴于该住宅组团规划设计报批已经完成，外轮廓和基本户型已经不允许做过多修改，对原有户型的问题进行分析和诊断以及如何优化和创新就是我们的任务焦点。为了做好

这个项目，中国建筑设计研究院携手日本市浦设计公司组成研发型设计团队，共同承担起设计任务。借此机会设计团队用国际化合作手段进行本土化设计实践。通过设身处地的设计实践达到入乡随俗、优势互补，最终达到形成优良成果的目标。

3.2.1 户型问题的梳理

从户型整体上看，首要问题是原户型外墙面凹凸较大导致体形系数过大，对实现节能 65％ 的目标非常不利。其次结构的固定剪力墙偏多，不适合住宅全生命周期内空间的灵活使用和改造。第三是户型平面延续以往的传统布局形式，缺少创新亮点。户型内部空间变化不多，储藏空间不足，居家生活细节考虑不够周全。由于户型非全装修一体化设计，对满足居住条件后想要追求更多精神层面享受的使用者缺少发展余地。

从户内细节设计方面来看，大户型存在部分功能性缺陷，小户型缺少独立门厅，户门与居室视线缺少遮挡是最大忌讳，部分居室没有针对位置优势开窗。各户型内部空间利用率不高；大户型面积不小，储藏空间却仍然不足。卫生间布置简单，其中有的户型共用卫生间离居室过近，存在干扰问题；有的卫生间离居室过远又造成使用上的不便。家具布置随意性较大，缺乏整体性和实用性设计。套内设备、设施仅仅满足基本生活需求。

由于早期交房标准采用简单的毛坯形式，对厨房家用电器、设备设施的排布不是统一进行、全面考虑的，各专业管线容易造成路由的冲突，对新能源、新技术体系的应用较为欠缺。

3.2.2 套型优化过程的分析对比

套型 1

原始套型

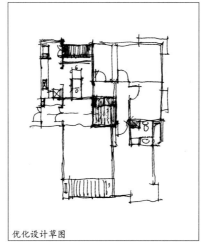
优化设计草图

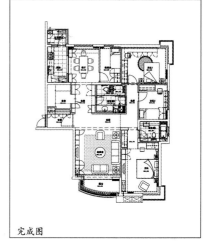
完成图

图 3.1 套型 1

套型 1 存在的问题：

- 户型缺少保姆间；
- 北向房间开窗随意，没有利用好位置优势争取东向采光；
- 共用卫生间位置、内部洁具布局欠妥，没有形成干湿分区；
- 结构剪力墙布置导致空间被限定，未来改造困难；
- 储藏空间不足；
- 各功能空间墙面利用率低；
- 缺少户型精细化设计。

优化后套型 1 的优点：

- 调整局部功能分区并增加功能房间；
- 对结构墙体进行规整，减少大的凹凸；

- 结合室内精装设计，增加储藏空间；
- 餐厅与客厅之间的区域以固定家具过渡；
- 门厅设内门，变成独立空间，储物柜按照物品分类设计；
- 充分利用户内走道储物，提高空间使用效率；
- 加大门后的墙垛宽度，对居室家具、储物柜、家用电器等进行整合设计；
- 对卫生间做较大改动，突破传统设计模式，提出空间利用新理念；
- 洗衣机设在卫生间内固定位置；
- 燃气炉设于生活阳台，并设置了家务操作的台面；
- 太阳能热水罐布置于南向阳台，隐藏在储物柜内。

套型 2

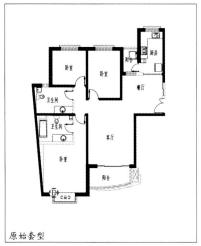 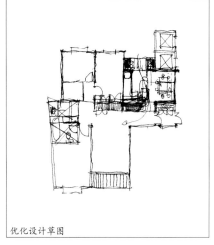 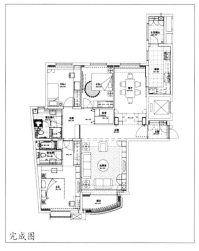

原始套型 优化设计草图 完成图

图 3.2 套型 2

套型 2 存在的问题：

- 进门区域无门厅；
- 餐厅没有自然通风和采光；
- 厨房操作台面不足，布置不合理；
- 共用卫生间空间利用率低，洁具布置不理想；
- 结构剪力墙布置导致空间被限定，未来改造困难；
- 开向客厅的居室视线无遮挡；
- 储藏空间不足；
- 各功能空间墙面利用率低；
- 缺少精细化设计。

优化后套型 2 的优点：

- 增设入户独立门厅；

- 将餐厅、厨房和生活阳台的位置进行调整，使餐厅可有直接对外开窗；
- 对结构墙体进行规整，减少固定墙体数量；
- 增加储物柜及储藏空间；
- 餐厅与客厅之间的区域以固定家具过渡；
- 优化卫生间洁具布置，用隔间进行干湿分区；
- 洗衣机设在卫生间内固定位置；
- 朝向走道的墙面布置固定家具，使空间利用效率最大化；
- 充分利用门后墙垛，对居室家具、储物柜、家用电器等进行整合设计；
- 燃气炉设于生活阳台，并设置家务操作台面；
- 太阳能热水罐布置在南向阳台，隐藏在储物柜内。

套型 3

原始套型

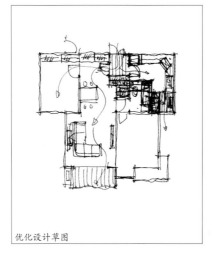

优化设计草图

完成图

图 3.3 套型 3

套型 3 存在的问题：

- 入户区域无门厅；

- 卫生间洁具设在同一个空间，使用不便；

- 结构墙体轮廓线凹凸过大；

- 餐厅与客厅设在一起有一些干扰，影响套型品质；

- 厨房操作台面长度不足；

- 储藏空间不足；

- 居室空间墙面利用率低；

- 主卧室离卫生间过近；

- 主卧室单方向开窗，没有充分利用位置优势；

- 缺少精细化设计。

优化后套型 3 的优点：

- 对整体功能布局进行调整；

- 优化结构剪力墙，体形趋于规整，形成较大开间，便于日后的改造；

- 结合室内固定家具把就餐、门厅、通道分隔成不同的空间；

- 增加储藏空间；

- 朝向餐厅的墙面设置固定家具，空间利用效率最大化；

- 充分利用门后墙垛，对居室家具、储物柜、家用电器等进行整合设计；

- 对卫生间做较大改动，突破传统设计模式，提供使用新理念；

- 卫生间用隔间进行干湿分区；

- 把与厨房相通的生活阳台改到卫生间公共走道外面，加长厨房操作台面；

- 燃气炉、洗衣机、拖布池设于生活阳台，设置家务操作台面。

套型 4

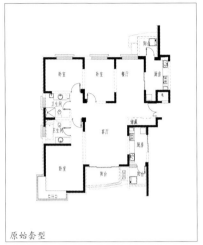
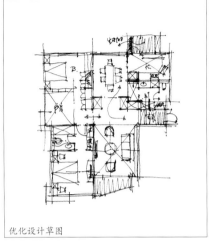

原始套型　　　　　　优化设计草图　　　　　　完成图

图 3.4 套型 4

套型 4 存在的问题：

- 门厅空间不够完整；

- 功能布局没有利用好端部位置优势，导致两个居室朝北；

- 厨房操作台面长度不足；

- 共用卫生间空间利用率低，洁具布置不理想；

- 结构剪力墙布置导致空间灵活性差，未来改造困难；

- 客厅与居室视线无遮挡，分区不明确；

- 储藏空间不足；

- 各功能空间墙面利用率低；

- 缺少精细化设计。

优化后套型 4 的优点：

- 对功能布局进行优化调整；

- 门厅空间相对完整，储物柜按照物品分类设计；

- 餐厅与客厅形成良好的对位关系，两个空间以固定家具过渡；

- 书房开角窗后有阳光进来，改善了使用环境；

- 充分利用门后墙垛，对居室家具、储物柜、家用电器等进行整合设计；

- 朝向走道的墙面布置固定家具，使空间利用效率最大化；

- 卫生间用隔间进行干湿分区；

- 洗衣机设在卫生间内固定位置；

- 厨房位置调整后操作台面加长。

3.3 户型的精细化整合设计实践

3.3.1 住宅设计中的现状简述

当今建筑设计市场繁重的设计任务使建筑师处于超负荷工作状态，在住宅设计中也存在注重外部形象多于内在技术深度探讨的问题，方案设计独创性欠缺。设计周期过短，刚刚定下来的方案，技术可行性和细节还来不及推敲就开始进入施工图设计，导致设计流程中各环节的工作比较粗糙，留下了很多问题。特别是毛坯房设计与精装修设计的脱节，使得施工图纸由设计作品变成批量生产的产品，必然造成施工图设计质量的参差不齐。住宅设计如何才能走向创新之路，值得我们深入探讨。

3.3.2 住宅户型设计的目标

正如"目标的精细化程度决定产品的最终品质"，精细化户型设计作为住宅设计的重要内容，在设计过程中，首先应从功能空间的合理布局开始，进而发掘户型内部潜在的空间并赋予其功能性，使住宅空间利用率达到最大化。除此之外，还要把厨、卫功能空间的设备设施一体化整合到位，把套内集成技术的应用做到更加合理；把提升用户的生活品质，引导住户的生活居住模式作为更高的设计目标。

鸿运润园 CIV 区三栋高层住宅的 6 个户型从户型优化开始就汲取了前期的设计经验，通过国际合作吸收外来精华，并融合本土化的设计理念，一切从使用者出发优化户型。方案设计中全专业先行技术设计，确定重要空间的尺度和重要设备的位置分布，在施工图设计中通过精细化设计手段实现最终目标。

3.3.3 住宅户型精细化设计的 6 个步骤

第一步：对主体结构进行优化设计，减少不可变墙体，增加灵活隔断，为以后改造留有余地；减少原外墙过多的凹凸面，让结构尽可能规整，以降低建造成本；降板空间范围、梁的位置均结合设备管线路径设置，并在方案图中标明，为室内装修设计提供先决条件，避免出现交叉问题。

第二步：对功能空间进行合理调整，增加收纳系统；对户内共用卫生间进行卫浴分离设计并实现两个方向进入，达到更加人性化使用的目标。

第三步：对室内家具及储物空间进行一体化整合设计，实现分类储藏，设计多种类型的收纳空间。

第四步：对厨房的设备设施进行日常生活功能的细化和完善，充分考虑各种厨房家用电器的点位并实现整合设计；对燃气管线、设备进行合理排布，优化路径，为管线、设备的安装预留条件；引入厨房水平直排烟系统。

第五步：对多项综合技术进行集成应用研究，合理选择先进、成熟的设备系统，如卫生间坐便采用吉博力排水系统及薄型地漏，户内采用适宜的通风换气系统和干式地板采暖技术，燃气热水与太阳能热水系统联动解决户内热水供给。

第六步：施工图开始前先进行管线协调和综合技术设计，通风主机选择合理位置，结构梁结合风管走向布置；分体空调室内壁挂机结合吊顶设计选型，提高使用舒适度；对同层排水地面构造精准排布，确定最经济的降板厚度；分集水器入户位置注意避让家具空间。

3.3.4 住宅户型优化成果

• 20# 建筑平面优化前后对比（图 3.5）

图 3.5

• 20# 结构墙体优化前后对比（图 3.6）

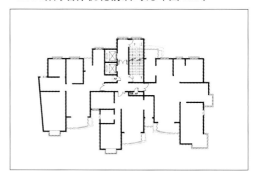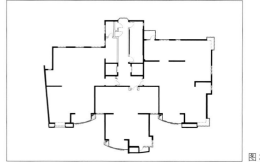

图 3.6

• 20# 外轮廓优化前后对比（图 3.7）

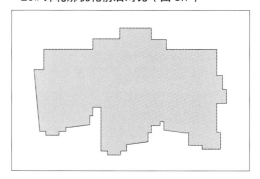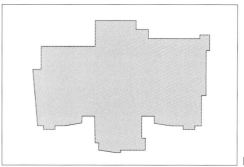

图 3.7

● 21# 建筑平面优化前后对比（图 3.8）

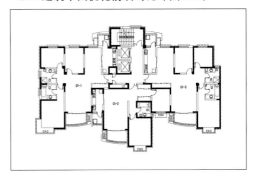

图 3.8

● 21# 结构墙体优化前后对比（图 3.9）

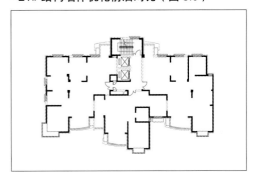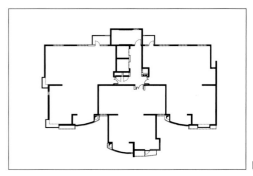

图 3.9

● 21# 外轮廓优化前后对比（图 3.10）

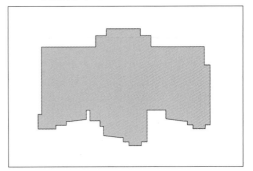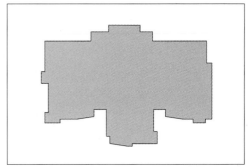

图 3.10

总结： 在满足用户要求的前提下，结构的优化使得建造成本降低、投资更省；整体轮廓线的变化有利于提高外墙的节能效果；在创新设计方面：岛式卫生间的人性化设计以及对卫生间的其他改进设计大大提升了使用性能；门后空间利用，增加了墙面的有效使用长度；多重收纳体系的引入提高了成品房的交房标准；这些都使其作为商品具有超高的性价比。

3.4 创新技术 4 个课题的探索与实践

3.4.1 独立门厅设计

玄关一词源自中国，原指佛教的入道之门，现在泛指厅堂的外门，也就是居室入口处的一个区域。由于玄关是从公共空间到私密空间的缓冲地带，也有人把它叫做过厅、门厅。目前，住宅入口设置玄关已经成为普遍做法。

门厅设计首先从精细化收纳功能开始，如更衣柜要满足长短衣物、雨具、手提包、钥匙、帽子等物品的收纳需求。其次采用高低柜、深浅柜相结合来扩大储物空间。其中，鞋柜按照洁污分别存放的原则设置。柜体下部留出空隙用于日常换鞋的临时存放，既能保持规整又不会过多占用门厅地面。门厅柜中段设置台面，在出入家门换鞋时方便放置手提包、钥匙等随身物件。尤其是在门厅墙面设置扶手体现了人性化的通用设计理念，而以往只有针对无障碍住宅才会设置扶手，这无疑又为门厅设计增添了一个亮点。

门厅在普通住宅中通常只是一个区域，采用半围合形式，但是增加一道内门，围合形成独立空间的相对不多，鸿运润园技术集成示范住宅在部分户型内设置了第二道内门，形成独立门厅。独立门厅把室内的一切精彩掩藏在门厅之后，其设计重点不是放在装饰和单一储藏方面，而是把功能提升了一个层次。用于解决公共空间对私密空间的噪声干扰、阻挡冷空气的入侵、防止灰尘的直接进入，同时起到保温隔热、隔声、改善室内空气质量的三重作用。增加这道屏障之后，极大地改善了住户的居住品质。独立门厅这一创新设计在增强套型私密性、完善住宅功能方面起到很好的作用（图 3.11 ～图 3.13）。

3.4.2 拓展型收纳空间的发现与利用

住宅套型设计在动静分区或空间划分时形成的过渡性空间，即户内走廊，一般尺寸在 1200mm 左右。该空间作为交通功能空间存在是不可避免的，其宽度一般在满足规范要求及通行的前提下取其下限值。鸿运润园技术集成住宅在方案优化阶段就开始关注这一问题，在结合室内家具布置的精细化设计过程中，针对交通空间不是绝对地做减法，而是采用逆向思维的方法进行设计尝试，得出了不一样的结果，即通过加大户内走廊宽度使其转化为交通与储物（布置储物边柜）相结合的复合空间。比如利用居室之间走廊的侧墙面布置储物柜，构成复合型空间；餐厅和客厅之间走廊两侧布置 400 厚的储物柜可构成复合型空间；餐厅与相邻空间墙面见缝插针布置储物柜也可形成复合型空间。这类设置了储物柜的内走廊形成了空间上的功能拓展，我们称之为拓展型空间。它们在补充收纳类型、满足收纳需求方面起到了重要作用；同时丰富了空间的装饰效果，成为室内视线的焦点（图 3.14、图 3.15）。

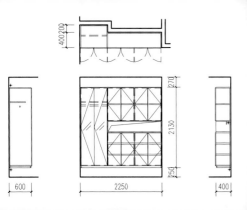

图 3.11 门厅平、立、剖面图

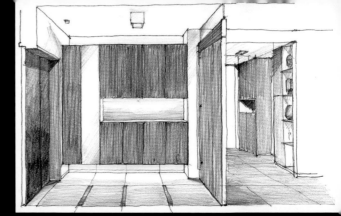

图 3.12 门厅方案效果图

图 3.13 门厅实景照片

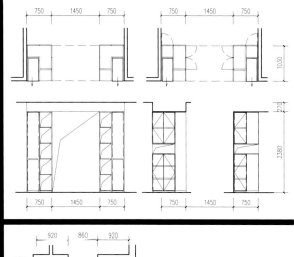

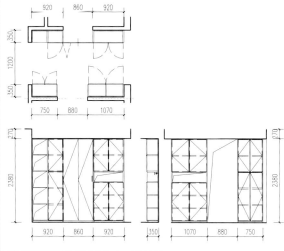

图 3.14 拓展型收纳空间平、立、剖面图

图 3.15 拓展型收纳空间实景照片

3.4.3 居室门后墙垛尺度改变对空间价值的提升

住宅套型设计中，居室门开启定位时墙垛尺度一般习惯控制在 100 ~ 150mm 左右，由于没有功能用途常被忽略其存在的意义。在本项目的精细化设计中，针对较大开间并结合室内家具布置，充分开发了这一部位的空间价值。鸿运润园技术集成型示范住宅结合精装修一体化设计，将多处居室内门后墙垛尺寸加大到 500 ~ 600mm 左右，形成能够设置固定家具的空间，这样一个尺度符合储物柜的进深尺度，使得家具摆放的连续墙面得以延长，大大提高居室墙面的利用效率并开发了收纳功能，改变了进入居室的区域单纯作为过道空间的性质。可以设置多功能收纳家具墙面的另外一个优点是可以改善居室的隔声性能，增加室内空间的完整性（图 3.16 ~ 图 3.17）。

3.4.4 岛式卫生间概念的提出与实践

住宅套型卫生间设计一般将坐便、淋浴、洗面的功能集中在一个空间，这样就造成一人使用，其他洁具闲置的局面，对于无窗卫生间通风效果也受到一定程度的影响。鸿运润园技术集成型示范住宅在卫生间的设计上克服了这一使用缺陷，通过借鉴日本住宅的卫生间设计理念，采用了干湿分离的形式，即把坐便、淋浴和洗面功能进行独立分间布置，这一做法可满足三人同时使用的需求。基于人性化的考虑，在部分户型卫生间内除了采用洁具独立隔间形式外，还通过卫生间两端设门，为住户提供了一种全新的使用概念，可以称之为岛式卫生间。这种形式的卫生间内外交通呈现双向动线，邻近起居室、餐厅一侧开门方便访客使用；邻近卧室区域一侧开门，方便家人就近使用；同时保持了卧室区的私密性；尤其夜间老人、儿童如厕使用更加安全，大大提高了卫生间的使用效率。洗衣机结合储物柜与洗面台整体定位布置，设专用水龙头、托盘及地漏，大大减少漏水概率，不但干湿分离，空间也做到了分区。"岛式卫生间"的首次实践及其创新的独特魅力得到了住户的高度认同（图 3.18 ~ 图 3.19）。

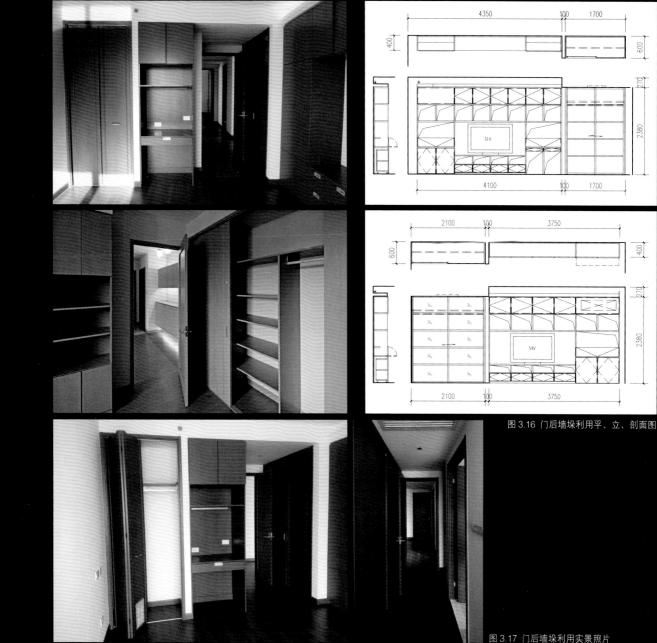

图 3.16 门后墙垛利用平、立、剖面图

图 3.17 门后墙垛利用实景照片

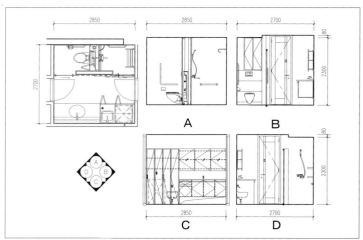

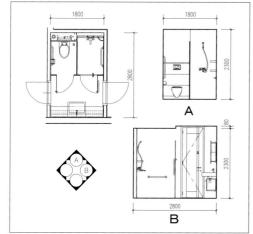

图 3.18.1 岛式卫生间平、立、剖面图

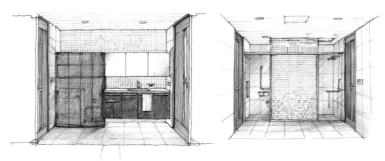

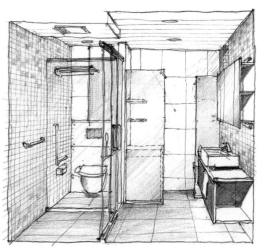

图 3.18.2 岛式卫生间透视图

图 3.19.1 岛式卫生间照片（一）

图 3.19.2 岛式卫生间照片（二）

4

技术集成示范住宅
关键技术设计

4.1 全装修住宅设计

4.1.1 技术背景

综观全国房屋建设市场，毛坯房目前仍是主流产品（图 4.1），其建设比例超过 90%，而发达国家毛坯房的比例只有不到 20%，两者之间存在较大差距。已经开始从事精装修交房的房地产商大多集中在少数几个大城市，而在精装修领域有深入研究，并在全装修产品设计方面有所建树的非常之少。

究其原因：一，目前毛坯房销售良好，做装修对楼盘销售并没有太大的促进作用；相反，因装修使得总体房价升高，反而会使其市场销售在与同档次楼盘的竞争中受到影响；二，向购房者提供一次到位的全装修或是菜单式装修，只不过是多提供一项服务，并无利润可言；三，开发全装修房必然使住宅开发周期延长，相应的税收、开发管理、广告和销售成本将因此增加，大大增加了开发商的资金压力；四，全装修交房后，开发商还因此增加了一项装修责任。对于开发商而言，从事全装修房地产的开发，收益与风险的权衡是十分艰难的。

因此，在目前毛坯房销售依然不错的市场中，开发商本着规避风险的原则，几乎都不愿意给自己找麻烦。但任何一个有责任有远见的地产开发商，都应具备自己的一套成品房开发理念，倡导低碳、控制成本、积极推进全装修。全装修代表着较高的生活品质，代表着现代住宅的发展趋势，并给开发商带来巨大的品牌影响力。

4.1.2 技术思路

怎样由粗放型的毛坯房向集约型全装修住宅过渡，又如何将充斥市场、高度雷同的建筑产品转变成各取所需、满足个性需求的住宅精品，是中日双方设计团队和开发商要攻克的最大难关。国内从 20 世纪 50 年代的筒子楼到 70 ~ 80 年代的单元楼，再到改革开放之后的各种户型、各种档次的商品楼，发展到今天个性化、人性化设计的全装修精品宜居住宅，可以说是走过了设计开发的必由之路，也是传统理念与现代科技的有机结合。

一个成功的设计项目要控制成本、功能全面、质量可靠，其中尤为重要的是人性化的细致入微的设计理念。既然是中日合作技术，当然要引进、消化、吸收日方的先进理念和技术；而几次赴日考察更是深深为他们无处不在的精细管理所震撼。日本国土面积狭小，战后经济飞速发展，地价同步飞涨导致独栋豪宅使用面积大幅减少，个人独户住宅占有率呈下降趋势，集约型预制住宅应运而生。在施工现场，尘土飞扬、现场浇筑施工的场面几近绝迹，取而代之的是各协作厂家源源不断运来的组装预制部件，辅以科学精准的管理体系，宛如运作有序的生产流水线，各工序衔接紧密，幢幢高楼拔地而起，令人叹为观止。

从整个建筑装修产业链条来看，要做到真正意义上的节能减排，必须从贯穿这一过程的 4 个环节入手，即建材部品的生产阶段、运输阶段、现场施工阶段和后期使用阶段。积极促进住宅精装修产业化、施工标准化、设计系统化。

首先，全装修住宅产业化将大大减少对毛坯房的拆改，从而减少建筑垃圾的产生和建筑材料的浪费。如果我们实行工厂化的住宅装修技术，在建造初期即考虑到后期的装修需求，从而进行相关的设计建造，集约化生产相关装修材料，就能减少二氧化碳的排放量。其次，在建材部品运输的过程中，普通的个人装修队伍，装修一套房屋大概需要运输 40 次。从以往全装修住宅的经验来看，采用定制化的个人装修约需运输材料 10 次左右，而采用整体住宅精装修的房屋大概需运输材料 2 次。忽略运输车辆的差别，我们仍不难看出，建筑装修材料采用集成运输将会大大降低能源消耗。再次，全装修住宅产业化将会把室内大部分装修项目安排在工厂完成，通过流水线作业进行生产（如隔墙、吊顶、门窗、橱柜等），然后到施工现场组装。标准化的施工将进一步提高装修的效率和品质，降低施工造成的环境污染和噪声，有效整合人力物力资源，控制建造成本，真正实现节能减排。

全装修住宅设计是住宅建筑设计的追续，既是一个相对独立的设计阶段，又必须和建筑设计相互衔接。装修设计最好在项目初期介入，与建筑设计和环境设计相融洽，以解决土建、设备和装修部品的衔接，明确各施工界面。通过改变土建、装修相互脱节的局面，逐步使住宅装修实现标准化、模数化、通用化的工业化装修模式。

图 4.1 毛坯房实景照片

4.1.3 技术要点与实施

全装修住宅强调的是系统化设计，装修设计应在建筑专业的统筹下，与各专业相互协调，同步进行，并贯穿于建筑设计的全过程。强调住宅全装修设计应从方案阶段介入，与建筑专业同时出图、同步验收。

全装修住宅应逐步实行土建、装修一体化设计。全装修设计中，装修标准的确立，应根据项目的具体情况及销售对象，经充分调研后确立。装修设计要符合人体工程学原则，体现以人为本的设计理念。装修设计应尽可能抓住共性，使硬装修部分作为背景，为个性装饰留有余地。设计中要选择优秀的部品部件，在图纸上应明确土建与装修的公差配合和接口的技术要求。同时要贯彻节能、环保的原则。鸿运润园项目在一期工程已交付使用，场地及整体规划不能调整等诸多因素的制约下，有效控制成本，最大限度地发挥科技潜能，把原有的计缺陷转化为最优设计，实现先进技术的综合集成应用。同时建筑师们注重装修设计与市场的对接，将部品进行整合设计、设备设施进行系统化设计，采用多厂家协作、工厂化制作、现场装配的模式（图4.2）。

通过这一系列环节，保证全装修质量，从而实现住宅全装修施工安装的绿色革命。

鸿运润园技术集成住宅在平面方案已定的前提下，首先在内部空间的细节设计上深化研究；其次在功能调整、家具布局、收纳整合方面引进先进的居住理念，再实现有限空间功能的极大拓展。项目通过全装修设计将基本定型的普通住宅打造成为个性鲜明、功能齐全、布局合理、精细入微的全装修精品住宅，标志着建筑技术从粗放高能耗型向精细节能型的转变（图4.3）。

综上所述，全装修住宅可以节约大量人力物力，加快施工进度，控制现场施工秩序和污染，但也带来新的课题。全装修住宅产品效率高，但产品大多高度雷同，在追求效率的同时如何留足个性欣赏的空间，在大规模开发楼盘的同时如何照顾业主的个性诉求，解决好这些问题也是从全装修普通住宅到全装修精品住宅的升级需要。

住宅产品是资源消耗和影响环境的大户之一，在住宅的规划设计和建造过程中，决不能只考虑住宅本身，而应当从全寿命的观点来考虑其对环境的索取和产生的负面影响。高能耗、短寿命的建造模式将成为历史，低能耗、环保再生的健康住宅才是中外建筑师追求的共同目标。

4.2 技术集成住宅整体厨房技术设计

4.2.1 厨房设计的概述

整体厨房设计主要是以健康、环保、实用、收纳为主要设计思想，同时包罗橱柜、各类电器、管道及顶、地、墙在内的一切元素的系统构想和设计。对于不同空间的厨房，我们首先要考虑它的空间整体规划，无论是一字形的厨房，还是L形或U形厨房设计，都可以很直观地体现出住宅空间生活品质和个人品位。整体厨房将是橱柜行业的大势所趋，这种通过系统专业的搭配，实现厨房空间的整体配置、设计和施工安装，为消费者的家实现功能性与艺术性的统一，是许多消费者所需要的。

图 4.3 全装修室内实景照片（a–b 客厅空间与带飘窗的主卧室；c–d 阳台远眺与户内空间；e–f 分隔空间的隔断与客厅空间；g–h 入口门厅；i 生活阳台）

4.2.2 厨房的流程与收纳空间设计

厨房设计应从整体着手，综合考虑操作顺序、设备安装、管线布置及通风排气，最终应做到设备布置紧凑合理，管线综合敷设集中隐蔽，排风装置配套，油烟废气排除畅通，提高内部功能质量。

项目中的厨房设计了两种形式，一种是 L 形，另一种是 U 形，6 个基本户型中的 5 个采用 L 形布局。相对于一字形厨房来讲，L 形厨房操作台面的长度能够满足使用需求（图 4.4）。

当 L 形厨房与餐厅相邻时，在餐厅与厨房之间以固定家具做隔断，通过设置辅助收纳空间减少了部分墙体，从而实现餐厨空间的分离（图 4.5、图 4.6）。

收纳空间对于厨房来说非常必要，除了正常的储物柜之外，厨房还采用了吊柜以及可下拉的储物拉篮，增加使用的便捷性（图 4.7）。

抽屉柜的设计加设减震器，便于缓慢轻松地抽拉抽屉，使整个设计极具人性化。

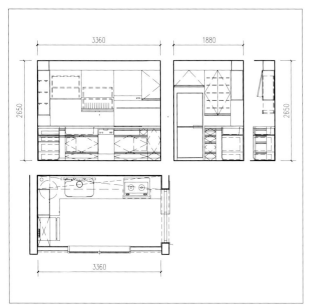

图 4.4.1 厨房设计图（一）

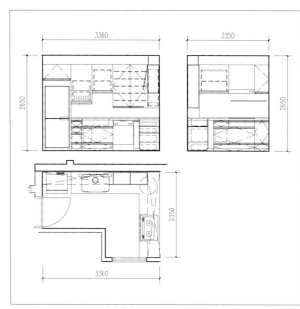

图 4.4.2 厨房设计图（二）

图 4.5 餐厅设计方案图

4.2.3 厨房的防污染设计

在住宅厨房设计中，地漏和排烟道的设置一直存有争议。参考以往的经验教训，为了有效切断细菌和烟气的传播途径，项目中厨房不设地漏。鉴于大多数厨房面积狭小，以及竖向烟道既占空间又容易造成串味现象，本项目采用了分户水平直排方式解决排烟问题，油烟机和出风口采用融入日本技术的产品，有效地减小了直排对外墙面的污染。设计中对燃气表、水电管线、通风道的路径提前做了预留，有效地避免了管线之间的交叉（图 4.8）。

图 4.6 餐厅收纳柜照片

图 4.7 厨房储物空间照片

图 4.8 带有厨房排气帽的住宅实景及排气帽的局部照片

4.3 技术集成住宅室内多重收纳系统设计

收纳系统按照生活动线轨迹，在套内空间设计的对应位置进行合理分布，通过有针对性地设计各类收纳系统来加大空间使用效率，从而提高产品的附加值。

4.3.1 住宅设计中收纳空间的现状

目前市场精装交房标准的收纳系统大多是考虑刚性需求的基本收纳，像门厅柜、少量标配固定衣柜、厨房整体橱柜、卫生间镜箱柜等，而较少考虑提升生活品位及情感需求的拓展功能型收纳空间和结合设备设施而设置的复合型收纳空间。在分隔功能空间时往往会形成部分过渡空间，这些空间在设计尺度上如果也仅做到满足规范要求，一旦客户住进来需要购买家具时，就会发现没有合适的墙面放置家具是普遍现象。

4.3.2 收纳空间设计的思路

通过对客户生活、行为方式进行大量的数据调研分析，发现很多人在居家生活中收纳物品很随意，以至于经常不记得某样物品放在哪里了，而不得不翻箱倒柜地找。因此，对于一个家庭而言，一套系统、科学、考虑周到的收纳系统至关重要。它不仅可以让住宅空间摆脱拥挤和混乱，更会为其制定出最可靠的运行规则，让居家生活焕然一新。

本项目对于收纳空间的设计利用做到了极致，在每个户型案例中都有所体现。技术集成住宅通过中外设计师的精心构思与精细化设计手段，结合空间的差异化功能，特别设计了多重收纳系统，为不同类型的物品找到他们合适的"家"，有效提升了空间利用率，为客户带来整洁便利的居家生活感受。

4.3.3 收纳空间的命名（图 4.9.1、图 4.9.2）

● 门厅收纳壁柜；

● 独立储藏间（围合空间形成的多用途收纳柜空间）；

● 多功能组合型收纳壁柜（利用起居厅、居室侧墙面）；

● 专用壁柜（基本固定衣柜）；

● 辅助收纳壁柜（利用宽通道侧墙面、餐厅与厨房之间的家具隔断）；

● 拓展型收纳壁柜（利用过渡空间侧墙）；

● 厨房收纳橱柜、卫生间壁柜、镜箱；

● 复合型收纳壁柜（结合洗衣机一体化设计的储物柜，结合太阳能水罐、燃气炉一体化设计的壁柜）。

4.3.4 收纳（储藏）空间的分类

● 门厅收纳体系（刚性需求）：每个家居空间都会有一个特殊的地方，那就是门厅。门厅是连接室内与公共空间的桥梁，虽然空间往往有限，却是每天外出和归家的小驿站。所以门厅也是零碎物品聚集的地方，可以放置一个多功能的储物柜，分别收纳鞋子、钥匙、手套和进门后脱下的衣物等物品，以方便寻找。此外，还可以在门厅摆放可移动衣帽架，放置出门前的帽子、包包、雨伞等，功能性强，增减随意，最重要的是可以减少物品占用室内其他空间。小户型家庭的门厅要具备强大的收纳功能，因为空间有限，门厅的设计在实现功能性的同时还需要美观（图 4.10～图 4.11）。

辅助收纳柜

厨房收纳柜

独立储藏空间

专用收纳柜

门厅收纳柜

拓展型收纳壁柜

客厅多功能组合型收纳柜　复合型收纳柜　　居室多功能收纳柜

专用收纳柜

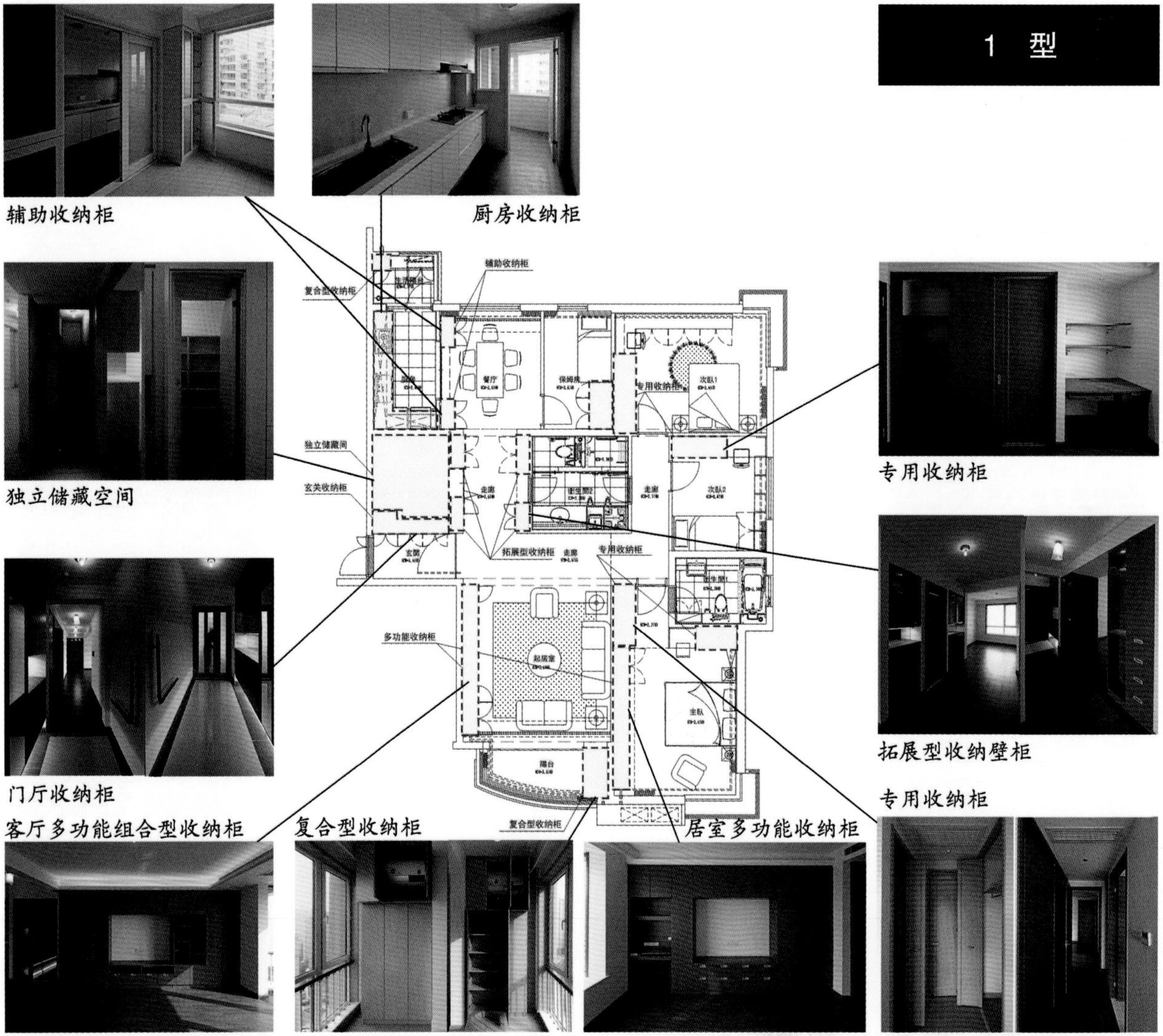

图 4.9.1　1 型户内空间设计示意图

门厅收纳柜　　　专用收纳柜

辅助收纳柜

厨房收纳柜

专用收纳柜　　　辅助收纳柜　　　玄关收纳柜

次卧1

餐厅

拓展型收纳柜

主卧

卫生间

复合型收纳柜

独立储藏间

多功能收纳柜
起居室

专用收纳柜

主卧

露台

复合型收纳柜

拓展型收纳柜

复合型收纳柜

客厅多功能组合型收纳柜　　复合型收纳柜　　　专用收纳柜

独立储藏空间

图 4.9.2 3 型户内空间设计示意图

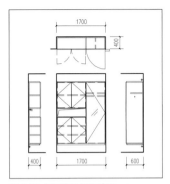 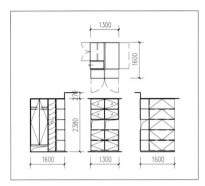 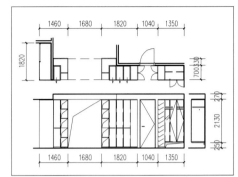

图 4.10 门厅收纳柜设计图

图 4.11 门厅收纳柜方案图

- 独立储藏体系（非刚性需求空间）：家庭大件休闲及生活用品储藏空间（运动器械、家务劳动用品如梯子、旅行箱等）。

- 多功能组合型收纳体系：卧室和起居室家具包含衣柜、梳妆台、电视柜、写字桌或电脑桌，设备包含电视、空调等。多种功能协调好位置是个不大不小的问题，项目以大多数人的行为习惯作为分析和设计的依据。由于全装修一体化设计施工的特点，电气点位也要求一步到位；最终经过分析与整合设计，形成了现在功能家具与家用电器设备一体化的完整布局。各用途组合型收纳体系大大增加了室内空间的完整性，也在装饰和功能之间找到了良好的结合点（图 4.12 ~ 图 4.18）。

- 专用收纳体系（居室门后墙垛尺度加大后形成的衣柜收纳空间、步入式更衣间）（图 4.19）。

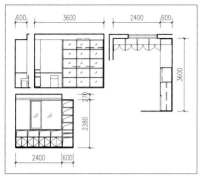
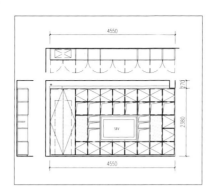

图 4.12 多功能组合收纳柜设计图

图 4.13 1 型起居厅收纳柜方案图

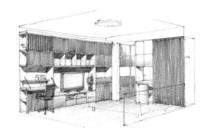

图 4.14 1 型主卧室收纳柜方案图

图 4.15 2 型主卧室收纳柜方案图

图 4.16 2 型次卧室收纳柜方案图

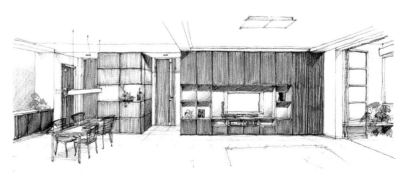

图 4.17 3 型起居厅及餐厅收纳柜方案图

图 4.18 多功能组合柜实景照片

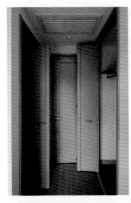

图 4.19 专用壁柜实景照片

图 4.20 辅助收纳柜实景照片

- 辅助收纳体系：分隔餐厅与其他空间形成的餐边柜、两个空间过渡区之间形成的壁柜（图 4.20）。
- 拓展型收纳体系：提升生活品位、承载精神需求、展示艺术品的壁柜（图 4.21）。
- 厨房、卫生间收纳体系：厨房整体橱柜以及卫生间储藏空间的利用（图 4.22）。
- 复合型收纳体系：设备、设施与收纳的一体化，燃气炉、太阳能热水罐与生活杂物储藏相结合，洗衣机与储物柜相结合（图 4.23）。

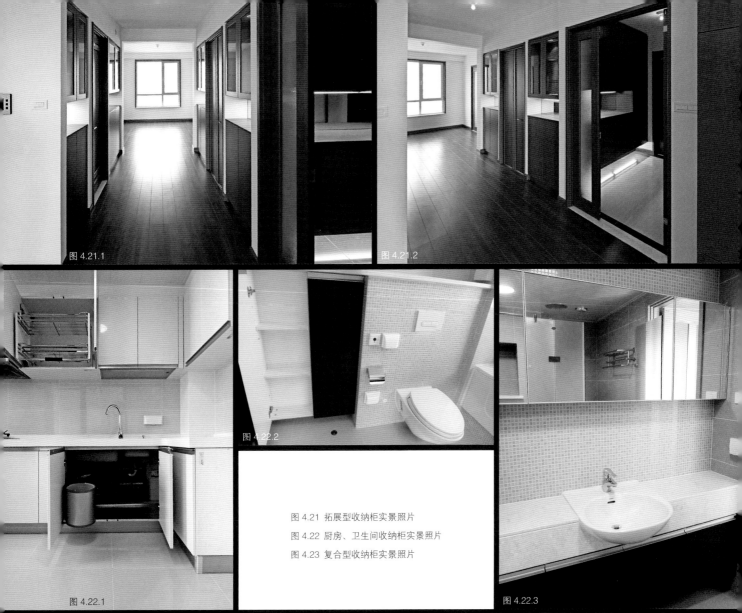

图 4.21.1 图 4.21.2

图 4.22.2

图 4.21 拓展型收纳柜实景照片

图 4.22 厨房、卫生间收纳柜实景照片

图 4.23 复合型收纳柜实景照片

图 4.22.1 图 4.22.3

图 4.23.1 图 4.23.2 图 4.23.3 图 4.23.4

1 户型

建筑面积：180.31m²
套内面积：156.70m²

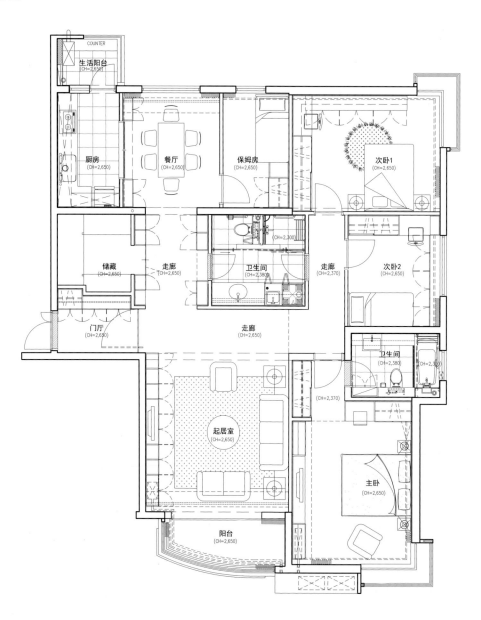

3 户型

建筑面积：118.30m²
套内面积：102.05m²

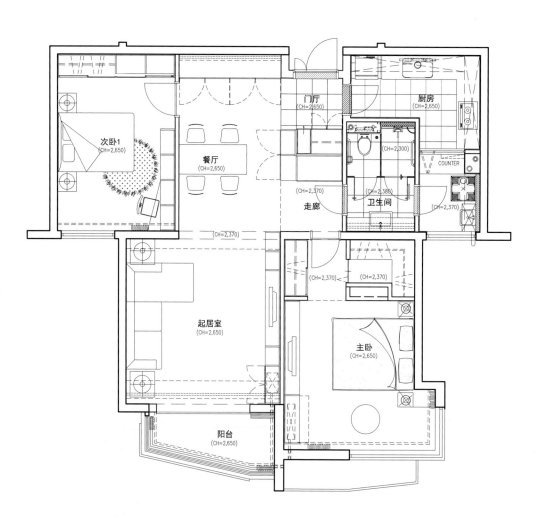

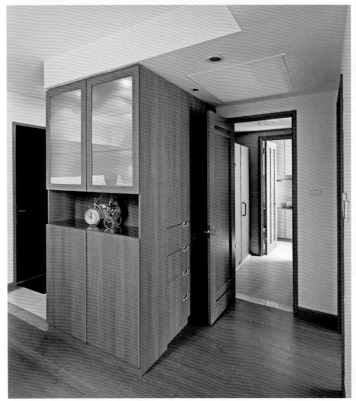

6 户型

建筑面积：143.13m²
套内面积：127.01m²

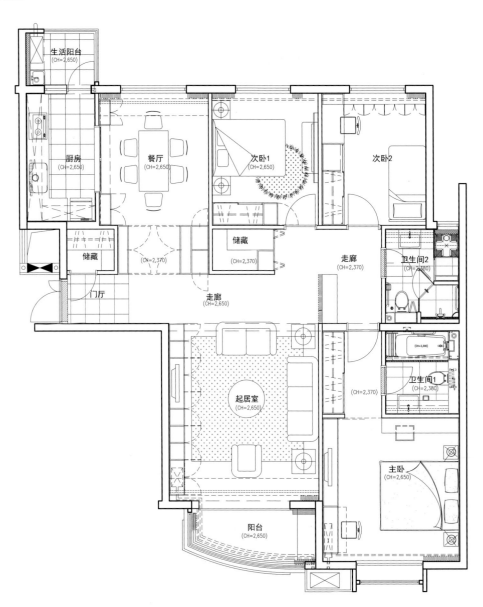

4.4 大开间剪力墙与地下空间高效利用的设计

4.4.1 大开间剪力墙技术应用

由于本工程为技术集成型示范住宅，采用全装修一体化设计，设备、设施一次安装到位，对建筑空间分割的灵活性要求较高，结构墙体设置要利于建筑空间的灵活布置，利于用户随着居住人口结构的变化和生活的改善进行二次装修改造，增强住宅建筑的可持续性。为了在结构方面尽量减少承重墙的数量，并做到结构受力合理、造价更经济，在住宅楼的结构设计中优先采用大开间剪力墙结构体系。

1. 技术背景简述

随着我国社会和经济的不断发展，工业化水平的提高，大量的人口向城市集中，使得城市人口不断增长，城市规模不断扩大，导致用地紧张、交通拥挤、住房短缺、基础设施滞后、环境污染等问题的出现。为解决这些问题，就要在有限的地域内合理安排各种城市功能，从而导致土地利用朝着综合化、集约化的方向发展。

住宅的发展体现了人们需求的层次性规律。在人均住宅面积只有 $4m^2$ 时，人们的基本需求尚未得到满足，他们渴望有成套的房子，有足够的私密性和安全感；而当人均住宅面积超过 $10m^2$ 时，住宅实现了配套的要求，他们又提出了更高的需求——舒适、健康和个性。舒适性住宅越来越为人们所青睐，采光充足、视觉良好的居住环境成为人们对住宅需求的必要条件之一。所以高层住宅设计中小开间小进深单元已不能适应当前的居住需求，将传统的密墙型结构布局改为大开间稀墙结构，便于建筑师进行合理的建筑平面设计以及用户根据自己的需要进行二次装修，从而

实现户内空间灵活多变可持续发展的目标。

2. 大开间剪力墙技术要点

结合建筑平面，利用内隔墙位置来布置竖向构件，基本上不与建筑使用功能发生矛盾。底部能与服务用房相结合。

- 墙的数量可多可少，肢可长可短，主要视抗侧力的需要而定。层数较少时，还可布置一些短肢墙来调整刚度和刚度中心。
- 能灵活布置，楼盖可选择的方案较多。
- 由于剪力墙间距大，构件受力明确，传力路线简捷。
- 根据上述特点，不难得出一个合理的结构方案：既能满足结构整体水平抗侧力刚度和抗扭刚度，又能保证楼板有效地传递水平地震力，受力合理，配筋适中。

3. 大开间剪力墙技术实施

- 结构墙体的优化

在保证结构抗震性能、传力合理的前提下，对住宅剪力墙的布置和数量进行了优化，减少了墙的总体数量。优化后住宅开间为 3m、4.5m、4.7m、6.3m，进深为 6.3m、7.2m，最大到 10m 以上（图 4.24 ～ 图 4.25）。

采用控制承重墙的比率在合理的范围内、减少墙体转折、控制边缘构件的布置数量等措施，在确保结构安全的前提下，降低了结构造价。本工程住宅楼标准层计算用钢量约为 $38kg/m^2$，混凝土用量约为 $0.35m^3/m^2$。

- 大开间剪力墙体系下的楼板设计

本项目楼板出现了较多的异形板，由于异形板内力的复杂

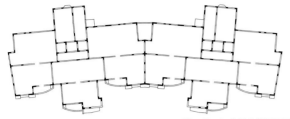

图 4.24 20# 楼 B 单元标准层结构平面图

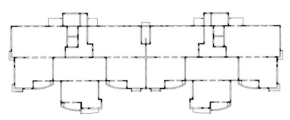

图 4.25 21、22# 楼标准层结构平面图

性，传统简化的板内力计算方法并不适用于异形板的内力分析和设计，因此采用了有限元计算方法，特别加强了阴角处的配筋。

• 大开间剪力墙体系下的转角窗设计

根据具体情况，主要采取了以下措施：

（1）转角窗两侧的剪力墙的厚度加大到 250mm；剪力墙的高厚比均大于 8；

（2）转角窗相邻的暗柱均按约束边缘构件通高设置；

（3）转角窗所在的房间板厚均不小于 150mm，且在楼板内设置斜向拉结暗梁，楼板钢筋双层双向配置。

• 大开间剪力墙体系下的卫生间降板处理

卫生间下沉处的一般结构做法是要加设楼面梁，支承在两

侧墙上，这样就造成不是卫生间的走道等空间有明梁出现，不美观，并且影响了净空。本工程设有新风系统，对净空的要求非常高，因此在下沉卫生间的处理上采用折板概念。加强下沉处板的构造，而没有加设楼面梁，取得了良好效果。

结构体系的确定是一个复杂的综合性问题，它需要全面考虑建筑物的重要性、高度、抗震设防烈度、场地条件、地基基础、材料供应，以及施工条件等情况，并结合每一种结构体系的技术经济指标，最终选出最适宜的结构体系。

4.4.2 地下室空间高效利用的结构设计

1. 技术背景

在现代住宅小区开发建设过程中，建设大规模的地下空间是大势所趋，地下空间被赋予的功能也越来越多，如地下车库、会所、物业等，地下空间也就必然要求进行一个合理的设计和建设，以保证地下空间的容纳量、性能和质量安全，其中结构体系选型对于地下空间的建设具有非常重要的意义。

2. 技术要点

• 结构的合理选型

地下空间多采用框架结构，柱距根据车位布置和其他功能空间确定，地下车库柱距多在 8m 左右，一个柱距 3 个车位。基础根据地基情况选择梁伐式基础或独立基础加防水板的做法，一般后者综合经济效益好一些。楼板采用梁板式或无梁楼盖；无梁楼盖便于通风和水电管线的布置，能够最大限度地降低地下层高，从而降低结构造价，受到开发商的欢迎；但也要根据具体情况综合分析后进行选择。

● 地下空间的性能保证

人们对地下室的印象一般是阴暗潮湿。结构设计如何与建筑设计结合，采取有效措施改善地下空间的使用性能也是一大难点。

● 多功能复杂空间的处理

地下空间的复杂化使结构处理也不能单纯化，常规柱距与大跨度复杂空间的结合使得结构处理变得复杂，需重点对待，谨慎设计。

3. 技术实施

● 结合场地情况合理选择基础形式

本工程持力层为④层卵石层，承载力特征值为550kPa。由于卵石层很深，处理起来费用较高，地下室层数比原方案增加了一层，住宅楼地下三层作为人防空间。这样既给整个小区的人防空间找到了位置，又增加了地下车位的数量和会所空间，并且减小了地基处理的厚度，从而减小了处理难度，增加了结构的安全性。本工程根据地基情况和主体结构类型，住宅楼采用筏板基础，地下车库及会所采用独立柱基础加防水板，比梁筏式基础节约了造价，如图4.26～图4.28所示。

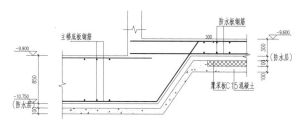

图 4.27 车库防水板与主楼筏板相交处构造图

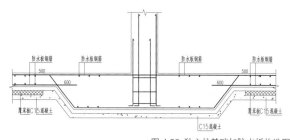

图 4.26 独立柱基础加防水板构造图

图 4.28 结构基础及地下车库施工

● 结合使用功能合理选择楼板形式

在较规整的地下车库、会所空间采用无梁楼盖结构体系增加了净高，加强了建筑的空间感。在相邻边跨异形板区域采用普通梁板结构。在游泳池部分，为了把自然光线引入地下，改善地下车库内部的光环境，提高使用的舒适性和节约能源，建筑又在游泳池侧面合适位置设置下沉庭院，顶部设置采光窗井。在满足不同需求的情况下，结构则采用梁板体系，如图4.29所示。

● 地下会所游泳池等复杂地下室空间的处理

（1）地下会所游泳池部分：为降低造价，减小施工难度，下部检修空间增设混凝土柱至游泳池底，以承担游泳池的荷载。将游泳池下部检修空间的地面直接作为结构基础，节约了基础造价，节省了施工工序，而且减小了游泳池底梁、板、柱的尺寸，如图4.30所示。

（2）住宅楼地下室：①如前所述，持力层的深度为小区人防空间的增加提供了可能，住宅楼地下共3层，其中地下三层为甲类六级人防空间，地下二层为自行车库、储藏间，地下一层为正常居室；②采取结构加强措施，配合建筑设置下沉庭院，改善了地下一层的采光，提高了使用性能，使地下一层可以正常居住，而不仅仅作为地下储物空间（图4.31～图4.33）。

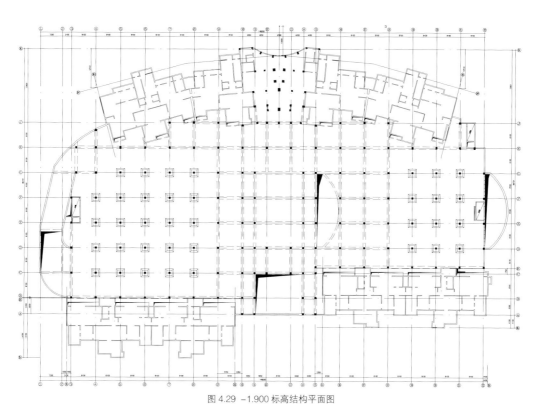

图4.29 −1.900标高结构平面图

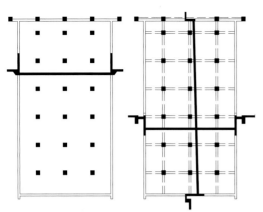

图 4.30

图 4.31

图 4.33

图 4.32

图 4.30 游泳池基础及底板结构图
图 4.31 游泳池借下沉庭院自然采光
图 4.32 带有采光窗井的地下车库室内
图 4.33 地下车库及游泳池顶板鸟瞰

● 地下空间采用无梁楼盖的优势

无梁楼盖结构不存在框架梁，平板在柱子上直接支撑的板柱体系，在柱顶设置托板或斜柱帽，从而产生一个刚性区域，辅助平板的支撑。在设计上要考虑到平板的厚度，充分利用平板的支撑能力，保证平板能够承受柱帽和柱顶的冲切力。

无梁楼盖的选用增加了地下室的层高，便于通风和水电管线的布置，充分地利用了地下车库空间，美化了建筑效果。结构本身的经济性能良好，大大缩短了工期，带来良好的综合效益。

结构专业灵活运用专业知识，合理选择结构体系。配合建筑设计构思，在满足地下空间多功能需求的前提下合理配置结构体系，提高地下空间的利用效率，改善地下空间的使用性能和建筑效果。这样做对于住宅地下空间的开发和建设具有非常重要的意义。

4.5 卫生间同层排水设计

4.5.1 技术背景

近年来，在国内住宅建筑的给水排水工程设计中，"同层排水"技术得到了开发单位、设计单位的大力推广，取得了一定的成绩，尤其是受到了广大业主的欢迎。但这一状况大多还局限于高端楼盘，究其原因，主要有以下几点：

● 宣传力度不够，大多数人甚至不知"同层排水"为何种技术；

● 虽然规范中倡导采用同层排水技术，但没有强制设计院执行；

● 专业生产同层排水管道和管件的厂家不多，缺乏影响力；

● 很多开发商还没有认识到给排水专业在住宅板块中的重要性；

● 由于对同层排水技术认识不全面，导致很多开发商误认为达成此技术成本过高，而阻碍了此项技术的普及与推广。

可见，同层排水技术的整体发展还是呈缓慢上升的趋势。若想得到普遍的认可和应用，还有一段很长的路要走。经过开发商、设计院对兰州当地各低、中、高不同档次住宅楼盘的走访与调研发现，同层排水技术在这座西北重镇中的应用并没有得到普及，甚至很多开发商与施工单位对此闻所未闻。绝大多数住宅楼盘采用的还是隔层排水技术。与同层排水相比，隔层排水存在多种弊端，如图 4.34 所示。

● 排水管道穿楼板设计使管道接头极容易发生渗漏现象；

● 上层排水管道一旦发生渗漏，管道内的污物会严重影响下层业主的健康和安全；

● 对本层管道进行维修时需要打扰下一层业主，影响了他人的正常生活；

● 当上层卫生器具进行排水时，噪声会顺着排水横支管传

图 4.34

到下层业主家中；

- 对卫生间进行改造（增加或减少卫生器具），会不可避免的影响下层住户的使用且实现困难。

于是，同层排水技术得到进一步应用与普及的要求就在客观上体现出来了。《住宅设计规范》GB 50096-2011 第 8.2.8 条规定：住宅的污水排水横管宜设在本层套内。《建筑给水排水设计规范》GB 50015-2003（2009 年版）第 4.3.8 条规定：住宅卫生间的卫生器具排水管不宜穿越楼板进入他户。《健康住宅建设技术要点》（2002 年版）第 2.2.3 条规定：应贯彻竖向管道集中，横向管道不穿越楼板的原则。以上条文都表达了同一个概念：住宅卫生间排水设计应采用同层排水技术。而降板式同层排水作为一种新颖的排水方式，可以适用于任何场合的卫生间，以代替传统的下排水方式。所谓适用于任何场合是指不论是多层建筑还是高层建筑，或是别墅等高档住宅；尤其是下层房间是卧室、客厅、厨房等对卫生环境及防噪声要求比较高的房间，当上层布置卫生间时，都应该采用降板式同层排水方式。

4.5.2 技术要点

1. 技术概况

降板式同层排水，即在建筑排水系统中，卫生器具排水管和排水支管不穿越本层结构楼板到下层空间，与卫生器具同层敷设并接入排水立管的排水系统。与水平线夹角小于 45° 的排水支管和器具排水管敷设在本层局部（一般为卫生间范围）下沉的结构楼板和最终的装饰地面之间，与排水立管相连。

2. 设计要点

- 外部条件：卫生间楼板下沉的排水方式参照《住宅卫生

间》01SJ914。具体做法是卫生间的结构楼板（局部）下沉 30cm，作为管道敷设空间。下沉楼板采用现浇混凝土并做好防水层，并用水泥、焦渣等轻质材料填实作为垫层，垫层上用水泥砂浆找平后再做防水层和面层。

- 重中之重：两层防水。卫生间降板区域结构楼板面与完成地面均应采取有效的防水措施。防水处理方式、防水层高度和防水材料应满足相关规范的要求。为卫生间管道漏水时，提供了"双保险"。

- 管道布置和敷设：卫生器具的排水横管敷设在卫生间降板空间内，排水管道管径、坡度和最大设计充满度应符合《建筑给水排水设计规范》GB 50015—2003（2009 年版）第 4.4.9 条、4.4.10 条和 4.4.12 条对建筑物排水管的坡度及最小管径的要求。同时，器具排水横支管的布置和标高设置不得造成排水滞留和地漏冒溢。埋设于填层中的管道不得采用橡胶圈密封接口；当排水横支管设置在降板范围的沟槽内时，回填材料、面层应能承载器具、设备的荷载。卫生间地坪应采取可靠的防渗漏措施。

3. 技术实施

兰州鸿运润园项目的定位决定了本项目给排水专业的设计要使其新技术的应用与革新领先于当地甚至西北地区。而开发商与日本市浦设计的合作，又使鸿运润园项目带上了"海外设计"的元素。众所周知，同层排水技术早在 20 世纪 70 年代就在日本得到了推广与普及。无论是面向普通大众的工团式住宅，还是价格昂贵的商品房，无一不是采用了同层排水技术。同层排水技术的优势从其在日本的大量应用便可见一斑。

- 卫生间内的卫生器具可以灵活布置，不受竖井等原有结构的限制。结构楼板上没有卫生器具的排水预留孔，业主可自由布置卫生器具的位置，满足卫生器具的个性化使用要求。开发商可提供卫生间多样化的布置格局，提高了房屋布置的自由度。同时，当业主由于人口数量发生变化，要对卫生间进行改造，需要增加卫生器具时，亦可轻而易举的实施，无需对结构主体做大的拆除，保证了结构的稳定性（图 4.35）。

图 4.35

- 本层卫生器具的排水管道不需穿越楼板进入下层，使得当对本层的排水管道进行检修和维护时，无需打扰下层业主，保护了住宅的私密性，体现了以人为本的原则。更体现了《中华人民共和国物权法》对于不动产所有权的相关规定与立法精神：管道系统产权分明，利于维护邻里间的相互关系，更利于业主对自己不动产所有权等合法权益的保护，如图 4.36 所示。

- 卫生器具排水管及排水横支管不穿越楼板，解决了排水管表面因管道内外温度差而产生凝结水的问题，避免了上层污物通过管道渗漏到下一层，减少了疾病传播的可能，也相应提高了室内卫生间的净空高度。同时，避免了混凝土楼板被多次穿洞，有利于楼板的整体性，减小了火灾时火势从下层蔓延到上层的可能性，对建筑物防火十分有利，如图 4.37 所示。

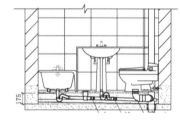
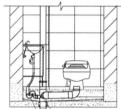

图 4.36

- 不穿板的排水方式，使得上层卫生器具在进行排水的时候，水流冲击管道的噪声得到极大的改善，在一定程度上解决了住宅排水系统中两大难题之一的"排水噪声"问题。同时，通过减小噪声干扰，提高了住宅的舒适程度，体现了绿色住宅、健康住宅的基本精神。

因此，在开发商的大力支持下，在院领导的积极鼓励下，本着"绿色住宅、健康住宅"的基本设计原则，给排水专业的工程师们在本项目中，对不同方案进行了长时间的研

图 4.37

讨。经过经济技术对比后决定采用降板与夹墙相结合的方式，即图 4.38 中的方式 1。

在图 4.38 中，方式 2 与方式 3 是夹墙与隔层排水的典型形式，除了能隐藏水箱外，不具备同层排水的技术优势。而采用方式 1，不但完全体现出同层排水技术的优势，由于夹墙的使用，还减小了降板高度、降低了成本；同时，排水管道也得到了很好的隐藏。

- 隐藏式水箱与夹墙：采用技术最先进的水箱配件，不仅节水功能强大，而且有极高的稳定性及防渗漏性，使节水最大化。由于隐藏式水箱的冲水水位较高，可以较大限度地利用势能冲水。因此在同样水量的情况下，隐藏式水箱的冲洗效果最佳，如图 4.39 所示。众所周知，卫

生间的空间寸土寸金，如果能节省出一点点空间，对业主将来的使用会带来更多方便之处。而管道夹墙的使用，并没有像我们之前预想的那样，会"吃"掉卫生间的一部分空间。相反，它使得卫生间的空间显得更宽敞，并造就了更多的收纳空间，如图 4.40 所示。

- 同层排水部件：在本项目设计中，各卫生器具及地漏均采用了同层排水专用存水弯。采用同层排水专用存水弯与卫生器具排水管道相连，更好地防止管道中的异味和细菌进入室内；系统维护检修时亦可作为检修孔，如图 4.41 所示。

- 球形四通：可同时使 2 根排水横管与立管相连。解决了在横管与立管连接处的水力不利条件，降低了管道系统内的压力变化，减小了各项水封被破坏的概率，如图 4.42 所示。

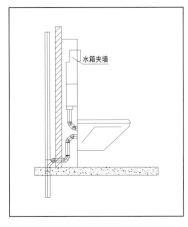
方式 1

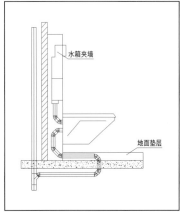
方式 2

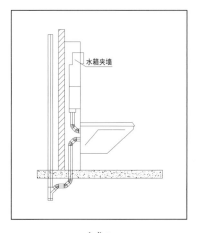
方式 3

图 4.38

隐藏式水箱

夹墙并没有像人
们想象的那样会
占据更多空间

图 4.39

夹墙使卫生间墙面线条变得简
洁、统一，使卫生间在视觉上给
人们的感觉反而比实际面积大

图 4.40

图 4.41

图 4.42

图 4.43

4.5.3 结语

在本次设计中，通过卫生间局部降板式同层排水与夹墙式排水的使用，不仅可以解决住宅排水系统设计中，采用传统方法不易处理的问题，如排水管道易渗漏和噪声传递等；还能体现以人为本的设计宗旨，达到节能、节材、节地的综合性能指标。而管道夹墙的使用，巧妙地通过隐蔽式安装，带来了更多的收纳空间。把曾经被忽视、无法利用的空间，有效地转换为可摆放不同物品的储物空间。通过不同材料的使用和外形设计，夹墙自身也能成为一道亮丽的风景，如图 4.43。因此笔者认为，由于同层排水技术本身并不复杂，也未增加开发商的建造成本；同时又能达到传统隔层排水所不能及的优势；故应大力推广，广泛使用。

4.6 低温地板辐射供暖与分户空调系统

4.6.1 技术现状和背景

目前，严寒、寒冷和夏热冬冷地区的全精装住宅，越来越多地采用低温地板辐射供暖系统，作为供暖末端产品。而随着该系统推广幅度的扩大和众多案例的良好反馈，市场对其的接受度趋于持续上升的态势。由理论分析可知，低温地板辐射供暖系统让居室温度场均匀，避免散热器供暖等系统带来的室内冷热不均的现象，同时室内温度的垂直分布，更符合人体养生规律。"人暖脚先暖"，在室内实际温度比其他供暖方式低2℃的条件下，还能有等效的热舒适度的感受。正因为上述优势，地暖系统备受推崇，尤其得到老年人的喜爱。而站在节能的角度考虑，由于室内设计计算温度的降低，再配合较完善的自控手段，地暖系统的节能效果非常显著。

全精装住宅的热源选择也是重中之重，住宅小区的热源形式通常分为两大类，即集中式热源和分散式热源，两种方式各有特色，从表4-1可见一斑。

近年来，我们关注的全精装住宅走技术集成路线，而暖通集成技术必须配合住宅产业化生产的需求。住宅产业化生产水平很高，普通住宅都要求做到精装修且施工和装修同步进行，因此暖通设计要与产业化生产步调一致，就必须确保系统规模小、竖向联系少，尽量户内解决，维修更换等后期运营以户为单位进行，户间彼此不受影响。所以在技术集成的框架下，住宅热源基本选用分散式热源。

本项目地处甘肃省兰州市，是典型的寒冷地区。当地老城

表 4-1

	集中热源	分散式热源
能源综合利用效率	高	低
环境影响	集中设置且位置合理时较小	相对较大，但可控
初投资	高	低
运行费用	高	低
运行状态	受运行周期限制，热平衡经常不满足要求，供热品质不能保证	满足用户意愿，灵活，较为舒适
行为节能	受收费模式限制，基本不存在	普适，效果显著

区冬季均为市政热力网供热，各小区以集中供暖形式为主。鸿运润园小区开发商为甘肃金鸿置业，一直致力于高品质住宅的开发，本案例即是金鸿置业对住宅集成技术的尝试，几经论证，供热设备最终确定为户用燃气壁挂炉。

夏季的兰州，炎热的时日较短，气候偏于干燥，早晚温差相对较大，因此夏季制冷需求不大。而润园小区为精装修住宅，冷源方式势必应与内装配合。经综合考虑，冷源方式采用较高能效比的分体空调。对于住宅项目，无论是初期投入，还是运行期间的灵活启停及易于行为节能，分体空调都有着无可替代的优势。

4.6.2 地暖和分户空调系统技术要点

项目中采用户用燃气壁挂炉提供供暖和生活热水热源，能源为天然气管网提供的天然气，壁挂炉供热系统分户设置。为提高效率和延长设备使用寿命，炉体一次侧供回水温度为80/60℃，而炉体下方配置一套混水设备，保证供暖的二次侧供回水温度为55/45℃。炉体内安装换热器，为生活热水系统稳定供应60/50℃的热水。壁挂炉系统详

见图 4.44。壁挂炉设有泄水管和补水管，泄水管上设球阀，补水管管路设除垢和防污隔断装置；另外，水系统有阀门等水力平衡调节措施以确保用热点热量均衡。壁挂炉配备温度控制、自检系统、限温保护、燃气阀电子控制、水压开关、流量开关、膨胀水箱、系统安全阀等安全配件。设计中需要关注的还有排烟和进风管道的选择及安装，目前产品标准配备的多是单管双层同心排烟、进风一体化管道，烟气从中心内层管道排出，进风由外层管道进入炉体。壁挂炉上备有风压开关，根据风压自动运行，以确保排烟系统安全。

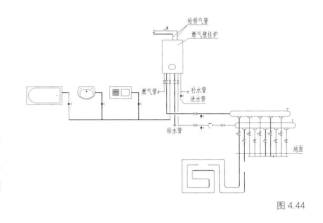

图 4.44

燃气设施完备，设计容量满足使用要求，管线合理，燃气表、阀门等安装位置方便检修和日常维护，同时对管线和燃气表采取相应的安全措施。安装壁挂炉的房间设燃气泄漏报警装置，并设与之联动的事故排风扇和燃气管道上的紧急切断阀。当报警后，联动关闭紧急切断阀，开启事故排风扇，进行事故排风。

户内低温地板辐射供暖系统设计的原则，是要便于实现户内分室调节，也要为用户提供可以进行行为节能的措施。供暖供回水干管通过分集水器，分出多个室内环路，每环路设置通过调节流量来控制室内温度的调节阀门，因此环路设计非常重要。通常每个主要功能房间，如起居室、卧室、书房、餐厅等，各铺装一个环路地暖管道；主卧卫生间可与主卧室合用环路；厨房可与邻近的生活阳台合用一个环路；如有次卫，可与餐厅或厨房合用。环路长度要尽量相同或相近，从而保证天然的水力平衡；以免各房间冷热不均，或者需要阻力较大的阀门"吃掉"富余压头，白白消耗能量。

低温地板辐射供暖系统中，自动控制系统是节能的关键步骤，是分室调节的必要手段。其一，系统可以根据每房间或主要空间的设定温度，自动予以保证；其二，当室外气象条件变得对供暖有利时，还可自动减少热量的输入，降低年运行能耗。每环路供水总管上安装电动调节阀，阀附近空间设有电源，每环路铺设的房间在典型位置设有带温度传感器的温控面板。在温控面板上输入设定温度后，温度传感器测量的室内温度就会转换为电子信号，通过弱电控制，调节电动阀的开度，从而通过改变流量来改变供热量的输入，由此达到设定的温度。

地暖系统除部分室内明装管道为镀锌钢管外，其余明装管道和暗敷管道均采用塑料管道。设计中选用的设备和管道材料最低设计使用年限为 20 年，垫层内埋地管道使用年限不低于 50 年，并且均为合格产品。目前市场上常采用 PE-RT、PB 等管材，管材的等应力蠕变特性、物理学性能、外径、最小壁厚及公差均符合《辐射供暖供冷技术规程》JGJ 142—2012 的要求。塑料管道壁厚应按照使用条件、分级等级和系统工作压力，对照规程的要求选择，壁厚还应满足热熔连接的工艺要求。

户内采用分体空调，空调器达到能效等级2级，室内机位置合理，气流组织满足舒适要求，室外机设置满足通风要求且不易受到阳光直射。冷凝水单独有组织排放。

室内机位置的设计颇为重要，需要技术性和观赏性的有机结合。首先充分考虑气流组织的合理性，使房间温度分布均匀，风速适宜舒缓，冷热风均能送达预定区域。其次从美观角度出发，调整方案，以期配合室内装修的整体风格。调整方案涉及室内机形式和颜色的选择、位置局部移动等。

4.6.3 技术实施

项目设计中，选用的燃气壁挂炉设置在厨房；地暖的分集水器与厨房家具结合，安装在下部的橱柜内，方便操作和检修。环路设计遵循上述原则，分集水器供水各回路设电动调节阀，与室内温度传感器相呼应。室内温控面板的位置与精装、电气专业协商确定，在满足功能要求的同时，尽量做到美观、简便。主要房间设置分体空调。

地暖系统设计的难点，在于地暖埋地盘管与家具或其他占地设备布置上的冲突，这个问题的合理解决是保障室内温度达到设计温度的关键所在。

家具布置区域不能敷设地暖管，这是因为地暖系统的供热主要通过加热地面，将大部分的热量辐射出去，少部分通过对流释放到空气中，从而达到维持室内设计温度的作用。而家具置于其上时，由于遮挡，热量蓄存在地下，无法散热，徒然增加地表温度，室内得不到热量，无法平衡热负荷，室内依旧是低温状态。如此地表温度超标，不仅带来高温的不适，久而久之还可能导致热应力过高、地面面层破裂。因此，地暖系统必须设置在地表无热阻较大的器具遮挡、面积连续的区域。

鉴于本项目为精装房，家具布置明确，地暖敷设区域按如下原则确定：卧室的地面面积减去衣柜、橱柜等落地家具的占地面积即为敷设区域，并要求卧床不落地，否则敷设区域过小；起居室和餐厅敷设区域通常较充裕，一般是地面面积减去落地橱柜、冰箱等面积即可；卫生间布置较困难，地面面积原本不大，还有诸多下水部件，点多、分散，分割平面，致使连续的敷设面积较小。下面重点讨论卫生间地暖敷设解决方案。

无外窗的卫生间热负荷小，矛盾不突出。有外窗的卫生间热负荷较大，敷设面积较小时就出现供热不足的状况，供热方案也会因之发生变化，所以敷设区域的确定事关供热系统形式的选择。为保持系统的单一性，尽量发掘敷设区域是关键。一方面，暖通工程师积极与给排水工程师沟通，明确可用地面范围，同时协商局部调整给排水管道走向，尽可能把连续空间让出来；另一方面，在卫生间热负荷上做文章。卫生间设计时应考虑实际使用时的感受，平时温度按照18℃设计，只有洗浴才要求达到25℃。系统设计上则由地暖承担平时温度对应的热负荷；而洗浴时间短，间歇使用，因此设置电热设备如暖风机等承担升温负荷，电热设备开启时可以做到迅速升温。通过采用双管齐下的处理方式，地暖需提供的热负荷也减小了。本项目各户型均可通过地暖系统解决卫生间的供暖问题。图4.45为标准层地暖地埋盘管敷设平面图。

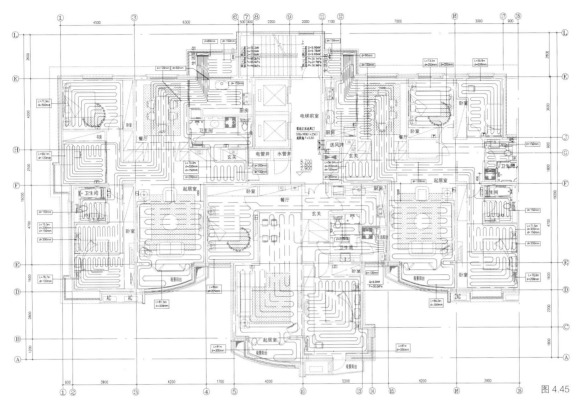

图 4.45

图 4.46

本方案中，经与内装设计师协商，为配合室内造型，特选用顶棚内藏式室内机，风口为条缝风口，力保其装修的外观效果与风机盘管侧送下回的形式一致。气流组织好，简练、现代、大方。图 4.46 中可见顶棚内藏式室内机安装的实际效果。

4.6.4 结语

项目选用的燃气壁挂炉效率较高，但随着时日推移，更加节能的产品将在市场上不断涌现。目前冷凝式燃气壁挂炉（图4.47）已经从概念、样机，走到了台前和视野里，身价也从高不可攀，转向中高端产品行列。冷凝式燃气壁挂炉除具备

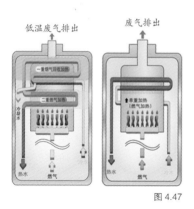

图 4.47   图 4.48   图 4.49

普通燃气炉燃烧效率较高、热量可调的降耗特性外，它最大限度地截取了外排烟气的热量，用于加热热水。与传统炉型相比，综合效率（按低位热值计）由普通的 80% ~ 90%，跃升了近 10% ~ 15%，甚至超过 100%。那么，作为未来的节能利器，我们期待它在今后的集成技术中大显身手。

本项目在低温地板辐射采暖系统的设计上，为配合精装，设计师突破常规，在设计手法方面也做了很大的努力。卫生间和厨房，由于洁具、家具较多，可以敷设地暖管的地面面积有限。为尽可能发掘可用面积，就需要各专业共同配合，才能做到完善。设备的准确定位，确保了精细化设计的实现，这也是精装修住宅的优势。

地暖系统也存在日新月异的发展。本次设计采用的是传统的盘管湿法敷设工艺，而设计之初，日方专家建议采用日本成熟的薄型地暖系统。与湿法工艺相比，薄型地暖系统核心的区别为干式敷设，即地暖产品无须填埋在混凝土垫层内，而是直接放置在楼板上，其上就可敷设木地板。薄型地暖系统的主要产品是集成化的产物，是在工厂内预制好的产品。

将 de8 ~ de10 的热塑性塑料盘管压入绝热板的凹槽内（图 4.48），加热管上部覆盖铝箔作为散热面，制成一块块规格化的板型（图 4.49）。设计师按照房间敷设面积、形状、热负荷，选择各种型号的组合，施工时只要将各板块之间的总供回水接口连接上就完成了，简单、迅捷。这样施工周期既短又安全，设备可靠性高，减少地面荷载，增加室内净高，同时后期维修或重新装修方便，可谓一举多得。由于该产品价格较高，在国内没有应用，且存在诸多风险，所以本次设计没能采用。评估认为其风险在于：管径较细，当地水质较硬，很可能在管内结垢。水处理设施投入大，而日后维修量不好预期。另外它的规格化产品散热量较小，对应本案例的节能构造水平，尚不能完全满足需要。时至今日，几种较安全的干式地暖工艺已经在应用领域大展拳脚，与湿法系统相比，在安全性和后期维修、再装修的便利性上有非同一般的优势，而且易于维护施工环境，大大缩短了施工周期。

户式空调系统最终选择了分体空调，较为适合当地的气象条件。方案设计之初，准备采用变冷媒流量的多联机系统。兰州夏季早晚温差大，室外温度较高的天数不多，部分室内机开启的情形多见。如采用系统化设计，则多台室内机对应一台室外机，虽然压缩机可以选用变频产品，但是变频范围不是 0 ~ 100%，有最小频率限制，针对兰州的现状，效率会打折扣。采用分体空调形式，则室内机与室外机一一对应，同步启停，适应性强，初投资还便宜。这种地域性的选择务必考虑周详，才能既有针对性，又有良好的效果。

4.7 全装修住宅的全热式新风系统

4.7.1 技术背景

时下，住宅建筑室内常见的通风措施是自然通风，即依靠人为开窗来保证室内空气品质。当住宅装修标准较高时，通风方式多采用配合户式空调系统的户式新风系统。

常见的开窗通风方式有很多优点，例如能耗低甚至零能耗，天气条件良好时空气新鲜，且用户主观感觉自然舒适。随着人们对室内环境要求愈来愈高，而室外空气品质却有愈加恶化的趋势，自然通风的劣势就显现出来：（1）自然通风为无组织通风，受条件限制，难以形成所要求的气流组织，所以大多无法保证室内良好的空气品质。限制条件主要是住宅建筑单体在小区中的风环境，每户在单体中的位置，和平面设计是否有利于自然通风的形成；（2）当室内空调系统运行或在供暖季期间，为了减少无效冷热损失，用户一般选择不开窗，因此造成空气质量的下降；（3）受室外环境的影响显著，不良天气不能开窗通风，否则室内的舒适度达不到要求。

户式新风系统正是迎合这样的市场需求应运而生的。不过这套设备价格不菲，中高端楼盘才会考虑采用，通常的形式是配合户式空调系统，做综合的体系化设计。户式新风系统形式较多，不同的形式各有特点，可根据室内净高要求、内装程度、当地室外的恶劣天气状况和全年气象变化规律，然后附加造价因素的核定，择优选取。

西北地区全年大部分时间较为干燥，春秋和冬季风沙天数多，而兰州市更有大气污染严重的不利条件，难得见到蓝天。建设方定位鸿运润园项目为高端楼盘，因此通盘考虑，采用户式新风系统势在必行。这里的新风系统设计应满足以下几个因素：（1）除尘、防沙的措施；（2）节能要求；（3）室内系统设计应具备合理有效的气流组织；（4）主动配合精装修需要；（5）设备设置要考虑降噪减振，还要方便清洗更换。

4.7.2 技术要点

户式新风系统有两大类，一类为通风型新风系统，另一类为冷热源型新风系统。

通风型新风系统有三种常见方式：

- 机械送风、自然排风：适用于房间较少、层高不高且有外墙的户型。每个房间设壁式送风机，将新风送入房间，排风超压、无组织排放。该方式施工简单，没有风管，因此对净高没有影响，价格低廉。但是仅能实现局部通风，房间之间的自然排风互相流窜、互相污染。送风还会破坏室内温湿度的平衡，降低舒适度。举例来说，A房间送风机运行，邻近的 B 房间送风机不运行，则 A 房间的排风从门缝挤出，就可能排入 B 房间，污染 B 房间的环境。又如冬季开启送风机，冷冽的空气直接送入，增加了室内热负荷，降低室内温度，甚至造成局部结露现象。为解决第一个问题，一些案例在房间外墙上同时设置送风和排风口，两者保持一定距离，这样排风直排室外，就没有二次污染的情况。但是立面开洞多；如果开间不大，还是无法保证送排风不短路。

- 机械送风、机械排风：每个房间外墙设送风风机，在浴室设排风机集中排风。这种方式是全面通风的形式，气流组织较好，不过运行费用高。在多个房间同时送排风时，由于有机械动力推动换气，还可以通过调整各个房间的送排风量，使各室压力存在差异，更容易控制空气的流动路线，让整个居室进行全面换气，减少流动死角。机械送风存在与第一种方式同样降低舒适度的问题。

为了解决上述问题，设备商开发了新的系统，方式、机理相似，而根据主要产品不同又分为两类。

第一类系统中，产生机械能的风机为带热回收的送排风双动力壁式风机，直接安装在墙上，同一风机、同样位置进行送风排风，送风经与排风热交换后送入室内，所以冬、夏季送风负荷降低，夏季和过渡季相对湿度也降低。这种方式可防止室内的冷热量向外泄漏，从而减少空调费用。该方式的实质是局部通风系统，无气流组织，气流不畅、死角多，而送排风容易短路。

第二类系统的风机也是带热回收的送排风双动力风机（以下称新风换气机），做成厢式，吊装在卫生间等舒适度要求低的房间上空。通过新风风道把室外风引入，

经换热后再由新风管道送入室内新风口流入房间。送新风的房间户门、内隔墙等设置回风口（图4.50、图4.51）。同时在吊装的风机附近适宜位置设集中回风口，这样每个房间的回风靠负压汇集起来，回到新风换气机组，与新风换热后排向室外。可见新风、回风各有途径，实现了全面通风。新风在处理前经过回风的预热或预冷，与室内温湿度差异减小，防止过冷或过热带来的结露、局部低温等不良感受。与其他方式相比，该系统气流组织科学合理，易于实现，同时系统高效节能，设备产生的噪声、振动可控，也没有结露、冷风灌入的问题伴生，因此它是目前最为舒适完备的系统。存在的不足是系统复杂、管道多，且对室内装修有较大影响。

- 自然进风、机械排风：这种系统较为常见，用得也最多，可实现全面通风，运行费用不高。这种方式由排风机和自然进风口（图4.52）构成。一般在厕所或厨房等产生污浊空气的位置安装该排气设备，使这些部位形成负压，具有阻止污染空气向周围扩散的功效。这种方式和第二种换气方式相同，在冬季会有冷空气从自然进风口进入，容易引起室内不同位置的冷热不均现象。当不设进风口或进风口不够大时，室内会形成负压而影响到门的开关，有时还会产生风噪声。旧式的建筑由于存在不少缝隙，这些问题很少出现，但如今建筑物的气密性越高，这些问题就越容易出现，需加以注意。

图4.53展示了三种通风型新风系统中非热回收的基本方式。

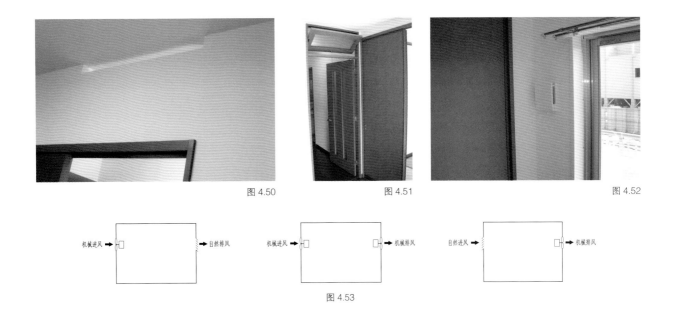

图 4.50   图 4.51   图 4.52

机械进风   自然排风   机械进风   机械排风   自然进风   机械排风

图 4.53

4.7.3 技术实施

综合以上分析，户内采用新风换气机为主体的通风系统，系统 24 小时持续运行，保证空气时时清新，同时具有低噪、低能耗的特点。

新风换气机为全热型，换热的焓效率为 66%。通风量按照冬季 0.5 次／小时、夏季和过渡季 1.0 次／小时设计，且经核算保证新风量不小于 30m³/（小时·人）。为实现风量季节切换，新风换气机选用风量调节机型（图 4.54 为新风换气机液晶屏），可按照所需风量两档调节。机器安装在卫生间外通道上方的吊顶内，通过风管将经过全热回收的新风送入室内，排风排至室外。在机器附近的吊顶上集中设计一个回风口（图 4.55），集中回风。新风通过新风管道送至各主要房间。新风口设在吊顶内，房间的门下设缝隙，作为回风路径，从而形成对角的、上送下回的气流组织形式，最大限度地推动室内空气新、污置换。为避免室外恶劣空气品质和异物的影响，新风和排风的室外风口设挡风管罩（图 4.56），新风入口和风机的回风口设过滤网。新风换气机下设检查口，可确保设备维修方便。按照气流组织合理的原则设计室内送、回风系统，而且室内送风口位置与室内家具（如壁柜、立柜等）结合在一起。室内送、回风管道也多在上述储藏空间内设置，位置隐蔽，还方便检修。图 4.57 是项目中标准层通风系统平面图。

风系统设计中关注的一个要点，是充分考虑通风路径。房间内设新风系统后，大部分案例是不考虑回风的，讲究的在房间墙面设回风口，但是对气流组织来说并不是上上之选。这里每个房间门下设计 10mm 的缝隙（图 4.58），依

图 4.54

图 4.55

图 4.56

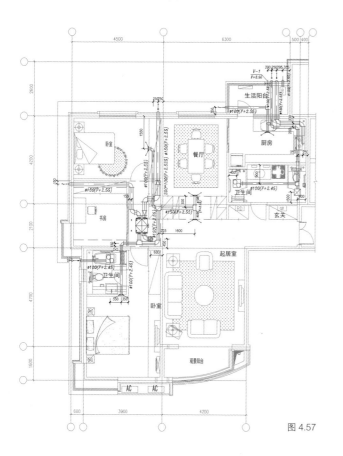

图 4.57

图 4.58

靠新风形成的正压回风。缝隙不大，但面积足够，位置非常好，可以减少通风"死角"。采用现行方案也颇受质疑，反对的人认为此举会削弱房间之间的隔声，减弱私密性。仔细想来确实有这样的问题，不过功能更重要，也许可以通过间歇通风来解决，即新风换气机组每天定时启停，在有私密性要求时停机，采取填补方式（如加装简便易用的条形隔声设施封堵）来应对。

风系统设计中的另一个要点，是为避免干扰新风系统，厨房排风系统特设补风。厨房排油烟机的风量大，瞬间就会破坏室内送排风的平衡，致使新风换气机效率降低。所以在厨房外墙上增设自然进风口，室外风口设管罩和有止回功能的阀件。当排油烟机运行时，做到送排风量相当，就不会影响室内气流；而当排油烟风机不工作时，热量也不会大量外流。

新风系统对室内净高有着决定性的影响，因此设计时布局的空间合理性非常重要。在本案中，第一步是对结构专业提出要求，尽可能减少梁高、梁量，在全热型新风换气机组设置位置（即卫生间外附近）不设梁等。第二步则为管道沿允许净高较低的区域敷设。第三步关于送风管道，送风管道必须送入各个重要房间，就近输送新鲜空气，因此管线较长，也最易影响室内高度。设计时灵活采取了多样化的措施，保证舒适的空间尺度：送风管道隐藏在橱柜的上方入室；送风管道通过卫生间入室等。第四步是改变风管截面尺寸，压缩占用空间。由于新风量不大，实际上这个步骤效果有限。

4.7.4 结语

新风换气系统对于住宅的重要性是毋庸置疑的，尤其是室外空气质量备受污染、PM2.5极度超标的现状，更是为该系统的广泛应用创造了条件。抛开污染的问题，随着门窗密闭性能的升级，或者待建土地面积逐年减少导致容积率提高，要形成良好的自然通风渐趋困难。那么如何在层高受限的住宅内，很好地容纳系统，并且让它发挥最好的功用，这是以后设计要讨论和研究的方向：精装住宅通风方式与普通住宅的异同；提高层高是否经济合理，层高多少是最划算的，或者应该与何种结构形式配合最佳；当采用地暖时，是否做地板送风对综合净高有利；新风机类型、配置数量对层高的影响，不同的新风系统形式适合哪一种层高要求。凡此种种，需要逐一探讨，渐次在实践中反馈，进一步指导设计。

住宅中新风的方式在现实中有两种，户式和集中式。户式新风系统空调自不待言，集中式新风系统相对而言是否更有优势？如同所有的集中系统与分散系统，两者互有优缺点。集中系统设备初投资少，可以集中做热湿（加湿或除湿、冷却或加热）、净化处理，便于管理，噪声可控，末端简单，维修量小，机组运行效率高。户式空调则启停方便、给用户的行为节能创造条件；又分户设置，户间没有联系，便于维修和再装修；也没有竖向风道，可节约面积等。集中新风系统的优点就是分散系统的缺点，反之亦然。集中系统是公建中常用的手法，借鉴到住宅中有其可取之处，但是现实中应用有限，主要是风管所占空间相对过大，住宅中没有太多余地，针对这点，酒店式公寓不在讨论之列。生活中见到的集中式案例，几乎都是为配合辐射制冷（供热）系统才选用的。在该系统中，辐射制冷不能承担室内湿负荷，否则会结露；因此室内湿负荷必须由新风解决，所以新风务必集中处理后送入各户的各个房间，这是一般的项目做不到的。

户式新风换气系统今后需要解决的问题，就是新风净化，尤其是对PM2.5的控制。在鸿运润园项目中，我们采用了滤网过滤，根据不同型号配置，可以达到粗中效过滤程度，这对于兰州当地的风沙天气是非常有效的，但是对PM2.5就无效了。目前比较有效的手段是加装静电除尘装置。另外还有多级过滤的方式，但是阻力增加太大，会导致风阻增加，风机功率高，噪声就不易控制了。新风换气系统还应考虑加湿功能，要找到合适的加湿设备与之匹配，使冬季室内相对湿度也满足人体要求。如此，则可以提高室内环境的舒适度，提升住宅品质。

4.8 高层分户太阳能建筑一体化热水系统

4.8.1 技术背景

随着我国经济的发展，能源需求出现了一个持续增长态势。能源不足是我国目前面临的一个严重问题。以煤炭为主的能源结构产生大量的污染物，对我国整体环境造成了巨大的污染。一次性能源为主的能源开发利用模式与生态环境矛盾的日益激化，使人类社会的可持续发展受到严峻挑战，迫使人们转向极具开发前景的可再生能源。我国人口众多，人均占有资源相对贫乏，政府部门的统计资料显示，我国人均剩余可开采石油储量仅为3.0t，约为世界平均水平的1/9，石油对外依赖度已经超过50%；煤炭、天然气和森林资源的人均拥有量分别仅为世界平均值的约1/2、1/23和1/6。按照现有用能速度，我国目前已探明的石油资源只能使用20年，而煤炭作为我国的主要能源资源也只能使用100年。可以看出，大力开发利用新能源和可再生能源，

是优化能源结构、改善生活环境、促进经济可持续发展的重要战略措施之一。

太阳能作为清洁能源，世界各国无不对太阳能利用予以相当的重视，以减少对煤、石油、天然气等不可再生能源的依赖。我国有丰富的太阳能资源，有三分之二以上地区的年太阳能辐照量超过5000MJ/m^2，年日照时数在2200小时以上。开发和利用丰富、广阔的太阳能，既是近期急需的能源补充，又是未来能源的基础。在"十二五"计划开局之时，我国的节能减排进入攻坚阶段，节能建筑已经成为全社会的工作重心。太阳能利用技术已经进入成熟期。尤其是近年来，太阳能集热器、热水器的推广普及，取得了很好的节能效益。把太阳能应用于建筑，可以让建筑能耗下降10%。我国是世界上太阳能集热器总安装量最大的国家。到2006年底，我国太阳能热水器的消费量和年产量已占世界总量的一半以上，太阳能集热器安装面积已达1亿m^2，年产量达到2000万m^2；比2005年增长了20%。

但是太阳能热水系统产品的规格、尺寸和安装位置均较随意。在建筑上的安装极为混乱，排列无序，管道无位置，防风、避雷等安全措施不健全，给城市景观和建筑安全带来不利影响。反映出以下几个方面的问题：

- 太阳能行业较为分散，企业数量多，但缺少必要的联合与沟通；
- 部分厂家短期行为明显，品质低、服务差，降低了行业信誉；
- 产品主要停留在低温的卫生热水上，技术研发应用有待升级；
- 使用单位将工程应用与单机安装混为一谈，过多地强调

价格；

- 工程质量保证技术的诸多要素还没有被厂家重视，设计、生产、安装等标准规范仍有待进一步宣贯。

4.8.2 技术要点

太阳能热水系统产品与建筑的结合，促进了其产业进步和产品更新，适应了建筑对太阳能热水的需求，已经成为未来太阳能产业发展的核心。太阳能热水系统与建筑的结合，就是把太阳能热水系统产品作为建筑构件来安装，使其与建筑有机结合。同时需有相关的设计、安装、施工与验收标准，从技术标准的高度解决太阳能热水系统与建筑结合的问题，这是太阳能热水系统在建筑领域得到广泛应用，促进太阳能产业快速发展的关键。因此，笔者认为要想促进太阳能热水系统与建筑的有机结合，我们应从以下三个方面入手：第一、通过高品质的产品推动太阳能产品成为建筑的标准部件；第二、通过高品位的设计推动太阳能与建筑完美结合；第三、通过高品行的建筑节能及设计理念

推动太阳能成为建筑节能的最佳拍档。

随着太阳能热水系统与建筑结合技术的发展，人们需要的是不论在外观上还是在整体上都能同建筑及其周围环境相互协调、风格统一、安全可靠、性能稳定、布局合理的太阳能热水系统。

4.8.3 技术实施

1.兰州市位于中国版图的几何中心，北纬36°，东经103°；是我国的西北重镇，其设计气象参数见表4-2。

从《民用建筑太阳能热水系统应用技术规范》GB 50364—2005中"每100L热水量的系统集热器总面积推荐选用值"表中（表4-3）可以看出，兰州位于甘肃中偏东南，水平面上年太阳能辐照量约有2508.3小时，属于资源较富区与资源一般区之间，是非常适合利用太阳能制备生活热水的地区。

兰州市设计气象参数   表4-2

兰州	纬度 36° 03′ 经度 103° 53′ 海拔 1517.2cm											
月份	1	2	3	4	5	6	7	8	9	10	11	12
月平均室外气温（℃）	−6.9	−2.3	5.2	11.8	16.6	20.3	22.2	21	15.8	9.4	1.7	−5.5
水平面月平均日太阳总辐照量（MJ/m²·a）	8.178	11.655	14.831	18.563	21.208	22.389	20.406	18.994	14.378	12.282	9.214	7.326
倾斜表面月平均日太阳总辐照量（MJ/m²·a）	11.312	14.789	16.152	18.128	19.216	19.553	18.016	18.151	15.376	15.207	12.600	10.696
月日照小时数	162.2	185.6	202	232	253.8	242.3	252.8	248.9	197.7	192.6	180.8	157.7

表 4-3

等级	太阳能条件	年日照时数（h）	水平面上年太阳能辐照量[MJ/(m²·a)]	地区	集热面积（m²）
一	资源丰富区	3200~3300	> 6700	宁夏北、甘肃西、新疆东南、青海西、西藏西	1.2
二	资源较富区	3000~3200	5400~6700	冀西北、京、津、晋北、内蒙古及宁夏南、甘肃中东、青海东、西藏南、新疆南	1.4
三	资源一般区	2200~3000	5000~5400	鲁、豫、冀东南、晋南、新疆北、吉林、辽宁、云南、陕北、甘肃东南、粤南	1.6
		1400~2200	4200~5000	湘、桂、赣、江、浙、沪、皖、鄂、闽北、粤北、陕南、黑龙江	1.8
四	资源贫乏区	1000~1400	< 4200	川、黔、渝	2.0

2. 兰州鸿运润园 20#、21#、22# 住宅楼均属于高层居住建筑，合计 416 户。宜采用集中集热—分户供应式的太阳能系统。即在屋顶统一设置集热器、水箱、循环泵（太阳能侧）、膨胀罐（太阳能侧）等主要设备，系统形式可参考（图 4.59）。

此系统为强制循环间接加热双水箱系统，或采用强制循环间接加热单水箱系统，可参考下（图 4.60）。

此两种系统存在以下优点：

- 系统初投资均摊到每户较低；
- 系统运行稳定，适用于需 24 小时生活热水的高档项目；
- 集热部分（太阳能侧）承压运行，闭式系统循环可避免因水质引起的管路和集热器结垢；
- 技术成熟、系统故障率低；
- 运行成本低，系统施工周期短；
- 集热系统设于屋顶，便于安装与维护；
- 集热器设于屋顶对建筑影响最小，保证了建筑原有风格的体现。

分户供热式太阳能热水系统存在如上优点，但是与兰州鸿运润园项目结合，主要存在如下弊端：

- 由于 20#、21#、22# 均属于高层居住建筑，屋面面积偏小，屋面有效面积更是无法满足所有用户所需热量的集热器布置。导致两种可能出现：（1）此系统仅供顶层往下三分之一住户的生活热水；（2）供应全部住户，但是热水温度无法满足使用要求，户内还需另行加热。
- 由于是商品住房，每户的配置应统一，不宜相差太大，给销售增加难度。

3. 经过与开发商、太阳能厂家的几次协商，最终决定采用分户水箱—间接加热的太阳能热水系统。

系统形式一：分户水箱—间接加热—强制循环—分户供热（图 4.61）

此系统主要适用于多层、小高层、高层和别墅等住宅建筑，其主要优点有：

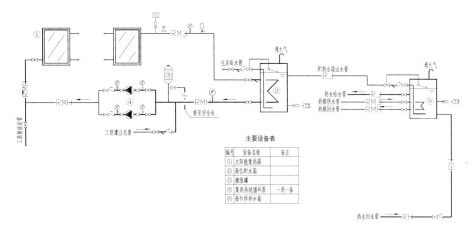

主要设备表

编号	设备名称	备注
①	太阳能集热器	
②	高位贮水箱	
③	膨胀罐	
④	集热系统循环泵	一用一备
⑤	高位供热水箱	

图 4.59

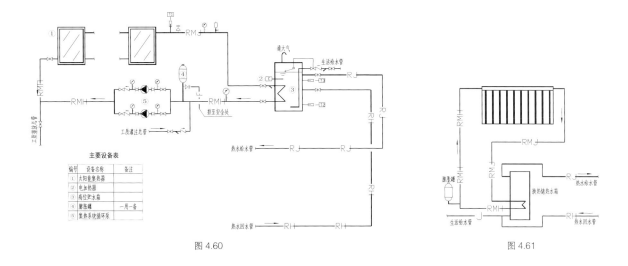

主要设备表

编号	设备名称	备注
①	太阳能集热器	
②	电加热器	
③	高位贮水箱	
④	膨胀罐	一用一备
⑤	集热系统循环泵	

图 4.60

图 4.61

- 集热器安装地点较多，可安装于屋面，也可安装于阳台等合适的建筑南立面；
- 采用 CPC/U 型集热器，与储水箱之间采用间接换热；
- 储水箱与集热器强制循环，承压运行，有效保证热水的卫生清洁；
- 户内冷热水同压同源，每户独立运行。

系统形式二：分户水箱—间接换热—自然循环—分户供热（图 4.62）

- 集热与储热由导热介质循环传递，保证用水清洁；
- 储热水箱壁挂式安装，不占用居住空间；
- 系统的集热循环为自然开式运行，便于安装、维护、初期投资较低。

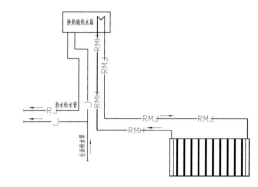

图 4.62

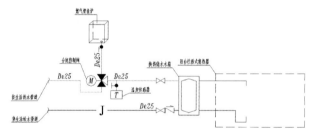

图 4.63 太阳能热水系统原理图

经过对比，为保证循环效果，使卫生洁具尽快流出热水，最终采用系统形式一，即：分户水箱—间接加热—强制循环—分户供热（图 4.63）。

将此系统定为"预热系统"，即将储热水罐置换出来的热水按"冷水考虑"。当用水龙头开启时，由设在辅助热源"燃气壁挂炉"附近的温度传感器测定进水温度。如果该温度满足使用要求，则水流直接供至用水龙头。如该温度无法满足使用要求，则将温控三通阀打开至壁挂炉一侧，关闭用水点一侧，由壁挂炉将其加热至设计温度后，再供至用水龙头，系统原理图及安装后的实景照片如下（图 4.64 ~ 图 4.66）。

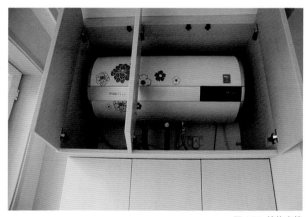

图 4.64 储热水箱

118

图 4.65 辅助热源——燃气壁挂炉及控制阀门（左上）

图 4.66 太阳能集热板与建筑一体化实景照片

4. 节能效果与运营成本分析（以中间户型每户集热面积 3.46m² 为例）

（1）太阳能热水系统年节能量计算

$$\Delta Q_{save} = A_c \cdot J_T \cdot (1 - \eta_c) \cdot \eta_{cd}$$

式中 A_c——集热系统的集热器面积，取 3.46m²；

J_T——集热器年太阳辐照量，取 6826.9MJ/m²·a；

η_{cd}——集热器的全日集热效率，取 68%；

η_c——管路和水箱的热水损失率，取 10%。

得出 $\Delta Q_{save} = 14456.10MJ$

（2）折现系数计算

$$PI = \frac{1}{d-e}\left[1 - \left(\frac{1+e}{1+d}\right)^n\right]$$

式中 PI——年节省费用折现系数，无量纲；

d——五年以上银行贷款利率，取 6.8%；

e——年燃料价格上涨率，取 8%；

n——经济分析年限，此处为系统寿命周期，取 15a。

得出 折现系数 $PL = 15.2$

（3）全生命周期内太阳能热水系统的总节省费用

$$SAV = PI \cdot (\Delta Q_{save} \cdot C_c - A_d \cdot DJ)C_c - A_d$$

式中 SAV——全生命周期内太阳能热水系统的总节省费用，元；

C_c——常规能源热价，本项目采用天然气（兰州民用天然气价格为 1.65 元/m³，天然气热值为 36MJ/m³，天然气锅炉效率为 80%，再考虑热量损失及换热效率，得 0.07 元/MJ）；

A_d——太阳能热水系统总增投资，取 4000 元；

DJ——维修费用，每年用于太阳能热水系统有关的维修、运行费用占总增投资的百分比，取 0.5%。

得出 15 年内节省总费用 $SAV = 11077.29$ 元

通过计算，投资回收期为 4.2 年。根据中国建筑科学研究院《民用建筑太阳能热水系统工程技术手册》中兰州地区的投资回收年限的要求，资源一般区宜在 10 年以内，故本太阳能热水系统设计合理，满足要求，经济效益显著。

4.8.4 结语

能源是国民经济的重要物质基础，国家对能源执行节约与开发并举，把能源节约工作放在首位的方针。通过上述计算分析得知，按照"合理利用太阳能，但不依靠太阳能"的太阳能资源利用技术原则，应用国家发展、鼓励和扶持使用的清洁、环保和可再生，取之不尽用之不竭的太阳资源来作为生活卫生热水的主要热源，其他常规能源作为辅助热源，不仅经济效益很好，而且环保效益和社会效益显著，这在《京都议定书》（我国是签约国之一）生效的今天，更有深刻的现实意义。

4.9 电气及智能化设计

4.9.1 技术背景

当今的中国，随着国民经济的迅速发展，居民生活水平的迅速提高，人们对生活质量的要求也越来越高，房地产市场空前繁荣。在国内房地产市场大发展的今天，住宅全装修模式越来越多地应用在现有的工程实例中。但是，由于各地区经济发展水平不均、房地产商的经营与管理水平良莠不齐，大量的住宅项目还停留在毛坯房或简单装修的阶段，留给住户大量后期装修的工作。电气作为家居的必要部分，在建筑装修中起到了十分重要的作用，而大量的家庭装修在施工方面很难保证质量要求，经常会出现不规范的操作。由于初装修建筑在设计工程中不可能完全体现业主的使用要求，因此在其竣工交付业主之后，大多数业主会按照自身要求对住宅内部的电气设施予以调整。由于插座、开关及灯具不可避免地会设置在结构墙体上，在对其进行调整时，往往伴随着对结构墙体及楼板的剔凿，这些操作将不同程度地影响建筑结构的承载力和安全性。此外，一些不太规范的装修公司在电路敷设时，经常会有私拉乱接、不按回路接线的现象，有些施工人员甚至将电线直接敷设在楼板或墙体的剔凿槽内。这些违规操作不仅造成电气线路的凌乱，而且为日常生活中的正常使用埋下了安全隐患，甚至一些关乎人身安全的措施也可能被忽略掉。

在正常的电气设计文件中，对于有淋浴的卫生间均要设置局部等电位，将卫生间内一些容易被触碰到的金属构件及插座 PE 线均连接至卫生间内的局部等电位端子箱上，再将局部等电位端子箱与结构钢筋可靠焊接。这样可以保证用户在实际使用过程中，一旦发生电气漏电、人身触电的情况，尽可能保证人体触碰到的金属类构件处于同一个电位上，从而减少人身触电危险。然而，毛坯房中往往仅是对局部等电位端子箱进行预留，一旦用户入住开始装修时，由于没有专业的电气设计人员予以配合，施工人员在施工过程中往往忽视了局部等电位的做法，从而加大了住户在使用过程中发生触电危险的概率。

在欧洲和日本，住宅一般都是全装修的，基本上一次性安装到位，与家居相结合的电气设计一般都包含在基本装修之内。在设计上重视室内环境与实际应用相结合，配电箱的设置，开关、插座位置的设计，安全警报装置的布置均按照家居装修图纸的要求予以考虑。在电气施工时，由于国外发达国家对于施工人员均有专业施工上岗资质的要求，并且对室内敷设的电线及电缆均存在特殊的耐火与绝缘要求，使得一些欧洲国家，如爱尔兰，在其室内电气施工中，仅对埋于墙体部分的电线电缆采用穿钢管或塑料管保护，对于敷设于吊顶内的明装电线电缆均可采用直接敷设。此类现象在日本的工程施工中也很常见。在国外的电气施工中，对于明敷电线的接头均有严格的要求，施工人员通常会使用专用的接线卡来接线，在接头外侧再套接绝缘护套作为防护措施。如国内施工中普遍使用的电线直接铰接、绕接等，即使在接头外再使用绝缘材料予以包裹，也是不被允许的。此外，国外发达国家在施工过程中采用的管理方式也有其可取之处，其严谨的工作作风、一丝不苟的工作态度也值得国内的建筑从业者们学习与借鉴。当然，在对国外发达国家住宅全装修设计的学习与了解过程中，我们也发现了一些与国内现行设计规范及施工要求不相符合的地方，比如其强、弱电线路在吊顶内采用直敷方式，就不符合国内现行设计及施工规范的要求，而且大量的电气线路采取直敷方式，在吊顶内与一些设备专业的管道相互交错，会使得吊顶内电路敷设过于凌乱，线路的彼此纠缠、堆积也会为住宅的防火安全留下隐患。

有感于发达国家在全装修工程中的有效管理与先进技术，同时也为国内现有装修电气工程中的一些不规范操作感到遗憾，我们迫切需要一种既高效又能与国内市场有效结合的实用技术，以促进我国住宅全装修技术与住宅集成技术的推广与应用。

4.9.2 技术要点

或许是已经意识到毛坯房、简单装修的建筑形式所存在的各种问题，且这类建筑已经不能满足当前国内市场用户的使用要求。现阶段已经有不少有见识有追求的开发商开始尝试在国内的建筑工程中采用精装修设计与施工，通过不断的探索、学习与实践，总结出了一套以中国现行规范与标准为基础，具有中国特色的建筑装修设计方法。归纳起来，在住宅技术集成应用方面，户内电气设计应充分考虑装修设计功能的要求。

- 居室照明方式可以分为：一般照明、局部照明和装饰照明。对于均匀布灯的照明，其距离不宜超过所选用的最大允许值，并且边缘灯具与墙之间的距离不宜大于灯间距离的1/2。在同一照明房间内，其工作区的某一部分或几个部分需要较高照度时，应采取分区照明。局部有较高的照度要求以及为加强某方向的光照以增强质感时，宜采用局部照明和装饰照明。
- 卧室电气设计应依照卧室装修平面图，卧室内电视及电源插座应设计在床头对面的墙上，应在床头柜位置设置电源及电话插座。
- 在客厅内电视摆放的位置应设计电视及其电源插座，并应根据装修家居布置，在对面墙上设计电源插座。
- 客厅、卧室的空调插座边（外墙侧）应有土建空调预留洞，根据空调类型或空调洞预留位置确定空调插座的高低。同时，空调洞的预留还应结合空调栏板或空调安装位置统一考虑。室外空调洞边还应有空调冷凝水立管或雨水管，使空调冷凝水有组织排放。
- 住宅卫生间应预留浴霸电源管线和分档开关。卫生间局部等电位端子箱应设计出到各卫生洁具金属配件的接地

支管。按照规范要求，卫生间浴缸、淋浴处水平1.2米高度范围之内不应设计插座管线；如需设置，也一定要在规范允许的高度才可预留。卫生间内开关插座均应选用防溅型设备。
- 住宅厨房内宜多设计安全型插座，位置可根据厨房设备布置图纸确定，充分考虑厨房内用电设备多、设备容量大等特点。除抽油烟机、燃气壁挂炉、烤箱等专用插座外，插座标高宜设在厨房台板上300mm处。
- 户内插座回路宜按环状、串状设计，尽量减少树枝形分叉，以免造成施工接线及维修困难。
- 户内灯具开关及同一类型插座的标高应尽量统一。
- 住宅内分户配电箱漏电开关与上级漏电开关应有动作时限和漏电电流分级保护设置。
- 电气使用管线最低设计使用年限不应低于20年。

此外，住宅内电源插座的数量宜以"组"为单位，插座的"一组"指一个插座板，其上可能有多于一套插孔，一般为两芯和三芯的配套组。考虑居民生活水平的不断提高，用电设备不断增多，为方便使用，保证用电安全，电源插座的数量应尽量满足需要，插座的位置应方便用电设备的布置。

在住宅电气设计中，还可根据住宅性质，依据《住宅性能评定技术标准》GB/T 50362—2005中的相关要求，分类设计户内电气设备，具体措施如表4-4所示。

同时，对分支回路亦可作出规定，分流套内负荷电流，减少线路的温升和谐波危害，延长线路寿命和减少电气火灾危险。具体分流措施如表4-5所示。

表 4-4

插座数量	除布置洗衣机、冰箱、排风机械、空调等处设专用单相三线插座外，电源插座数量宜满足	Ⅲ：起居室、卧室、书房、厨房 ≥ 4 组；餐厅、卫生间 ≥ 3 组；阳台 ≥ 2 组
		Ⅱ：起居室、卧室、书房、厨房 ≥ 3 组；餐厅、卫生间 ≥ 2 组；阳台 ≥ 1 组
		Ⅰ：起居室、书房 ≥ 3 组、卧室、厨房 ≥ 2 组；卫生间 ≥ 2 组；餐厅 ≥ 1 组

表 4-5

分支回路	每套住宅的空调电源插座、普通电源插座与照明应分路设计，厨房电源插座和卫生间设独立回路，分支回路数量为	Ⅲ：分支回路数 ≥ 7，预留备用回路数 ≥ 3
		Ⅱ：分支回路数 ≥ 6
		Ⅰ：分支回路数 ≥ 5

4.9.3 技术实施

在兰州鸿运润园住宅项目的设计过程中，项目组在前期方案设计阶段就提出了明确目标，即建造具有中国特色，符合我国国情的全装修住宅产品。在电气设计中，要充分借鉴国外先进的建造—装修一体化设计理念，以工业化的产品生产、安装为支撑，以完善的设计—施工管理流程为保证，结合国内现行设计法规与规范，建造适合国内房地产市场的宜居、绿色、智能的住宅项目。施工方面要达到技术要求，不能出现返工及重复装修的现象。

1. 基本原则

在项目设计阶段，要保证全装修住宅电气设计符合以下基本规定：

- 设计中必须严格遵守国家的有关设计规范及设计技术规程；
- 严格贯彻执行国家的有关节能政策。

2. 设备准确定位

在设计过程中，协调电气室内设计与建筑设计之间的矛盾，在紧密结合家居布置的前提下，对电源插座、开关、灯具等设备进行准确定位、人性化布置。如客厅内电视摆放的位置，不再按照传统设计要求仅在距地 300mm 高的墙面上设置电视及其电源插座，而是结合装饰性家居布置，在距地 1200mm 高的位置设置电视信号及其电源插座，在距地 300mm 高的墙面上设置电视附属设备（如机顶盒、DVD 影碟机等）的电源插座。这种调整不仅使插座及其线路隐藏在电视机后面，也减少了电视电源线及信号线路彼此纠缠、过于凌乱的现象，从而保证了住宅装修后良好的使用功能和健康舒适的人居环境。

3. 设备选择精细化

在设备选择方面，伴随着越来越多的家用电器进入千家万户，对于电源插座的需求越来越多。插座的规格有很多种，有两孔、三孔和二三孔结合的；有圆插头、扁插头和方插头；有 10A、16A；有带开关的、带熔丝的、带安全门的、带指示灯的，以及具有防潮功能的。产品尺寸也是五花八门，各不相同。目前设计中规定应按国家标准选型，通常情况下起居室、卧室等空间均选用二三孔组合插座。但在现实使用中，我们经常会发现能够提供两个电源接口的二三孔组合插座在三孔电源接口使用的情况下，另一个二孔电源接口很难再插入电气设备插头。二孔插座不含有保护地线，若硬行使用，则会存在安全隐患。为了避免加设转换接线板，就要选择与家用电器电流、插头及接线盒规格相匹配的插座面板。在本工程中引入"插座组"，即在电器使用密集的区域，如电视机、书桌、厨房操作台等位置，选择一地多组式插座产品。所选产品采用并列式三孔多功能插座组合，这种插座避免了常用的二三孔插座使用中的缺陷，提高了插座的利用效率。

4. 绿色节能

在本项目的设计过程中节能理念始终贯穿。在设计中不仅正确地选择了最佳计算数据和节能光源设备，还采用了节能、便捷的开关控制方式。

住宅照明除了满足现行照度标准和照明质量外，还应注意照明节能，大力推广紧凑型荧光灯、细管荧光灯及 LED 等节能型光源和电子镇流器，践行居家绿色照明理念。在选择灯具时，除了考虑美观外，还要注意一些基本的技术性能。灯具的基本功能是提供照度。要注意荧光灯比白炽灯光效高，直接照明比间接照明灯具效率高，吸顶安装比嵌入安装灯具效率高。还要注意灯具遮光材料的透射率及老化问题，应尽量选择光效高、寿命长、功率因数高的光源、高效率的灯具和合理的安装方式，以保证照度并节约用电。同时要注意营造住宅舒适的气氛，住宅内仅有均匀照明会显得呆板，应根据室内装修确定照明的中心，合理利用吊装花灯、壁灯、筒灯、射灯以及不同光源的光色，创造优雅宜人的居住环境。此外还要注意灯具的防护和维修问题，潮湿场所要用防潮型灯具，向上反射的灯具容易附着灰尘等。

5. 人性化设计

开关面板的数量取决于照明控制的分路，照明控制的分路要符合使用功能和节电要求。在项目设计过程中，我们发现在住宅户内总会存在一些需要多点控制的灯具，如连接各卧室、起居室等功能房间的过厅，两侧开门的岛式卫生间。如果仅在一处设置开关面板，在实际使用中会显得很麻烦。因此，在电气设计中，对于这类空间，我们选用了灵活的多点控制开关，包括两点控制和三点控制。虽然线路设计相对复杂，但这种人性化、便捷的灯具控制方式却方便了住户的日常使用（图 4.67、图 4.68）。

图 4.67 住宅灯具定位图

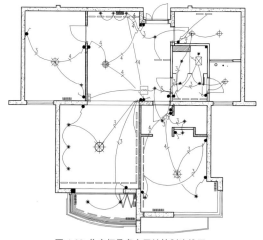

图 4.68 住宅灯具多点开关控制连线图

6. 合理的线路设计

掌握家用电器的容量和用电性质是做好电气线路设计的核心，正确的线路设计可避免过负荷跳闸和线路烧毁等事故。在住宅项目中，厨房、卫生间通常会有大功率电气负荷，并且同时使用率较高，空调在夏季也是常用的大功率电气设备。对于上述设备，在回路设计时宜选用电流整定值为 20A 的漏电断路器，其回路配线应采用不小于 $4.0mm^2$ 的铜导线。此外，家电设备在使用上可分为长时制和短时制两大类，应准确分析、合理设计长、短时制用电负荷所在回路的断路器整定电流值及线径。

7. 智能化设计

弱电系统的完善与否在某种程度上能反映一个住宅项目智能化水平的高低。本项目依据甲方设计任务要求，并结合当地房地产市场的客户需求，按照绿色三星的设计标准，为住户设置了完善的智能化弱电系统。联网型可视对讲的应用，不仅可以使住户与访客直接进行视频交流，其附带的紧急求助按钮功能为住户的人身安全提供更加可靠的保障。所有弱电终端的设计均与装配化的家居布置相结合，充分考虑到住户在使用过程中的便利性与舒适性。比如在书房内，网络及电话接口不再一成不变地设置在距地 300mm 高的墙面上，而是结合装配式的书桌位置，将网络及电话接口设置在书桌上方电源插座的旁边。再比如在卫生间马桶旁边、手可方便触碰的墙面上设置紧急求助按钮，以及为客厅音响所考虑的音频接口，均较好地体现了全装修设计的人性化设计理念（图 4.69）。

8. 质量保证

当然，良好的设计理念必须要求优质的施工质量作保证，

图 4.69 卫生间紧急求助按钮的设置　图 4.70 日本全装修住宅内电器箱体、管线安装实例

才可以让用户最终满意。在全装修的设计项目中，电气线路为隐蔽工程，线路是否按规范穿管暗敷设、较重花灯的安装和卫生间的等电位接地等问题都不容易从外观看出来，需要特别注意它们的安全检查。日本及欧美等发达国家的全装修住宅内电气管线一般采用墙体、架空地板或吊顶内明敷设，穿线、接线均比较灵活，有其优势所在（图 4.70），但在国内的住宅套型内采用则过于损害空间高度。综合考虑之下，决定本工程住宅内的电气线路均采用电线穿钢管或 PVC 塑料管暗敷设。以专业的全装修工程承包商提供规模化、集中化、装配化的住宅装修施工方式，结合室内设计中对所有电气设备终端的精确定位，保证了设备安装的准确性与安全性。

4.9.4 结语

随着行业发展的日趋规范，全装修及精装修规模化的模式必将成为住宅市场的主导。在住宅电气设计和装修过程中，除应严格遵守有关规程和规范外，还应在设计的各个阶段精心思考、力求创新。要勇于借鉴优秀的设计理念，审慎

安排设计计划，在施工中力求排除每一个隐患，对安全、节能和日后的维修更新与改造升级等每一个细节均需考虑周密、设计完善、认真操作，这样能为用户营造一个安全、舒适的生活环境。

4.10 施工关键技术探索与实践

4.10.1 技术集成型示范住宅的实施原则

项目开发团队突破现有传统的施工管理模式，通过对参建各方的精细化管理，高度重视施工过程中的质量管理，严格控制空间尺寸，保证精装修部品的安装能够严丝合缝；以最严格的质量要求和精准的空间尺寸保证了室内成套产品的快速安装；且全面采用低碳环保型建筑材料、节能型设备设施；让精装修示范住宅工程得以落地生根，最大限度地提高居住环境的舒适度。这也是健康人居环境、绿色建筑技术所希望达到的终极目标。其最终成果为西北住宅产业的发展和建设资源节约、环境友好型社会做出了贡献。

4.10.2 技术集成住宅的施工过程

1. 主体结构工程施工（图4.71）

图4.71 住宅主体结构工程施工

2. 二次结构工程施工（图 4.72）

图 4.72 二次结构工程施工

3. 室内墙地面找平、壁纸粘贴、地暖铺设（图 4.73）

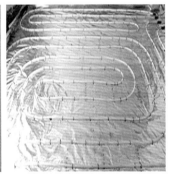

图 4.73

4. 室内装修及安装工程施工（图 4.74）

在初步装修阶段，完成室内装修放线、地面找平、墙面找正、电路改造、防水施工、部品预埋件施工、瓷砖铺贴、吊顶安装、窗帘盒安装、墙面顶棚批白涂刷、壁纸铺贴、卫生洁具安装、玻璃隔断安装、整体橱柜安装、灯具安装、开关插座及相关五金配件的安装施工。

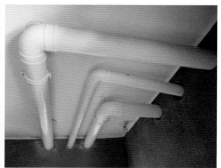

图 4.74 室内设备安装施工

5. 部品装配化工程施工（图 4.75）

在初步装修完成后，由部品单位进场安装户内所有部品（包括但不限于木门、木地板、电视柜、衣柜、门厅柜、酒柜、展示柜、收纳、窗套、门套、收口压条、装饰面板、踢脚线、棚脚线、门厅扶手及相关五金配件等产品），在部品单位完成后期部品安装及收口工作后，将清洁卫生、无杂物、无遗漏工具的工程整体移交。

图 4.75 部品单位进场组装地板及柜体

4.10.3 施工关键技术小节

技术集成住宅与精装修是相互关联且密不可分的，从国际和国内的住宅发展趋势来看，一定要以技术和部品集成化、生产建造工业化的方式来进行住宅建设。以当前这种市场提供毛坯房，再采用传统的手工方式装修，不可能解决住宅的根本性质量和性能问题，对集成技术的应用也很不利。

装修工程要做到一步到位，绝不仅是表面的、美观的问题，相当多的时候会面临技术上的挑战；只有通过工业化的、普及的技术才能最终保证装修的总体品质（图 4.76）。

图 4.76 室内建成后的实景照片

在装修阶段集成住宅的成套厨房、卫生间部品，包括成套家具均采用工厂化生产，住宅组成件和部品设备在现场组装。在部品进场前与生产商进行早期对接，制定对土建施工的精度要求，减少矛盾和交叉，以确保装修的质量和精度。减少传统住宅建设的湿作业、手工式的粗制劳动，以确保住宅品质。

工厂化生产部品，不仅要求部品的标准化，而且须对部品的各项指标进行严格检测，确保进场材料符合装修设计的尺寸、规格、质量和环保要求。这种设计、施工、部品生产及安装一体化的施工模式，不仅避免了后期装修过程中的结构改造，保证了建筑物的结构安全；同时也减少了材料浪费，降低了经济成本和时间成本；也使施工噪声污染得到有效的控制，使室内空气质量得到了有效的保障。

5

住宅性能 3A 标准的
技术策略

5.1 3A 住宅性能认定的技术背景

住宅生产是涉及多行业、多技术的产品，随着技术的进步，人们对于住宅的多样化和舒适度存在需求。国外有的国家将对住宅进行性能认定作为政府法律的一个部分，纳入市场运作。现代人买房是不能承受之重，到底什么才叫好房子？房子的设计、规划、环境等方面到底怎么样？一直没有一个明确的标准。为推动我国住宅产业的现代化进程，提高商品住宅的综合质量，建设部在 1999 年开始了住宅性能认定工作。商品住宅性能认定指按照国家发布的商品住宅性能评定方法和统一的认定程序，经过评审委员会对商品住宅的综合质量进行评审和认定，授予相应的级别证书和认定标志。

5.2 3A 住宅性能认定的技术要点

"性能认定"将住宅的综合质量即工程质量、功能质量和环境质量等诸多因素归纳为 5 个方面来评审：适用性、安全性、耐久性、环境性和经济性，囊括 200 多项指标，每一项都可以量化打分。能够对住宅做一个较为科学、完整，同时又是公正的评价。住宅性能标准分为 1 A、2 A、3 A 三个等级，标志是 A、A A、A A A。1 A 级性能的住宅是面向中低收入家庭的经济适用型住宅；2 A 级性能的住宅是面向中高收入家庭的商品住宅；3 A 级住宅则是提供给高收入家庭的功能齐全、舒适度高的高档住宅。各等

级住宅均应符合节约能源、保护环境的可持续发展原则。得到性能认定标志的住宅说明是在这一档次中性能品质优良的住宅。

5.3 兰州鸿运润园 3A 住宅性能认定的技术实施细则

5.3.1 住宅适用性能保障措施

1. 建筑装修

- 分户门采用名牌四防门；
- 窗采用品牌中空玻璃断桥铝合金窗；
- 固定家具采用中日合资高品质环保产品；
- 按照中日技术集成型住宅的设计标准一次装修到位；
- 门厅、候梯厅装修：墙面采用无釉抛光玻化石，地面采用防滑地砖；
- 住宅外部装修：入口台阶铺设花岗石；无障碍坡道铺设花岗石（防滑）；住宅四层以上墙面采用弹性自洁涂料，四层以下墙面外贴仿石砖。

2. 隔声性能

- 小区选址在兰州市区东部黄河岸边，紧邻湿地公园，远离城市主要交通干道，公用设施供水、供电等独立设置。
- 园区采用人车分流形式，各组团设置地下车库，车辆沿环道就近进入地下车库。

- 绿化采用乔、灌、草复合种植结构及水景、微地形等降噪措施。
- 外墙及分户墙：200mm 厚钢筋混凝土剪力墙；外填充墙及分户填充墙：200mm 厚断热节能混凝土复合砌块；分户墙两面抹 30mm 厚胶粉聚苯颗粒保温、隔声。
- 楼板：采用浮筑楼板隔声技术，钢筋混凝土楼板 +30mm 聚苯保温板 +50㎜豆石混凝土＋地砖或复合地板。
- 住宅内部布局：动静分区，厨房、卫生间集中布置，使用功能上下对应，卧室、起居室不邻电梯井道。
- 采用中空玻璃断桥铝合金窗，阳台均封闭，有效降低噪声 30dB 以上。
- 选用节水消声型卫生洁具，坐便器为低冲水水压型。
- 给水立管采用内衬塑钢管，支管采用内壁光滑的 PP-R 管；排水管道立管采用优质 HDPE 静音管；管道布置远离卧室、书房；卫生间采用同层排水暗隔墙措施；给排水支管全部暗装。
- 水泵、风机等设备和设备机房采用减振、消声和隔声降噪措施。

3. 厨卫成套体系

厨房按炊事流程布置，并保证一定的操作台长度，其最小操作台长度为 3.6m，最长为 4.7m，管道定位接口与设备位置一致。厨房设备结合橱柜成套布置，将洗池、炉灶、消毒柜、微波炉与冰箱一体化整合设计安装到位。厨房不设地漏。烟道采用独立水平直排方式，油烟机和出风口均采用日本技术产品，减少直排对外墙面的污染。

卫生间各洁具独立使用，坐便、淋浴隔间分设。浴缸只在主卫生间设置。所有卫生间洗面台、坐便器、梳妆镜、储物柜等卫生设备和配套设施齐全。洗衣机固定位置，设专用水龙头、托盘及地漏。小户型洗衣机旁还设有操作台面。

4. 给排水和燃气系统

- 给水水源由市政两条道路城市供水管供水，区内给水管网环状布置。供水系统分 4 个供水区域，即：市政直供区、低区、中区和高区；低区、中区和高区由生活水泵房变频加压供给。
- 采用分户燃气壁挂炉、太阳能与建筑一体化系统，提供 24 小时生活热水。
- 中水系统由城市污水处理厂Ⅰ级 B 标准处理水作为本小区中水水源，由小区中水泵房供水，用于冲洗地面、浇洒道路和绿化用水。
- 小区采用雨污分流制，收集小区屋面、露台及小区道路雨水，通过潜水泵加压，使收集来的雨水用于绿化。
- 消防系统：小区共享一套消防供水设施，市政两路 DN300 自来水管供水，消防水池贮水量为 450m³；消火栓系统：室外消火栓由市政管网压力直接供水，室内消火栓系统由屋顶消防水箱和消防泵房加压供水；自动喷水灭火系统按照中危险级Ⅱ级（地上部分为中危险级 1 级）设置。
- 总立管、雨水立管、消防立管和公共功能的阀门及用于总体调节和检修的部件设在公用部位。
- 天然气由市政两路中压管线引入小区调压箱，管线环状布置。户表采用磁卡表，户内设燃气泄漏报警装置。
- 排水设备和器具水封深度 ≥ 50mm；阀门和检查口等的位置方便检修和日常维护。

5. 管网体系

- 小区给水、污水、雨水、供电、电信、有线电视、中压天然气等管线由城市市政管网提供。给水管线两路供水。区内管网环状布置，雨水、污水管网分流制排放；小区消火栓供水和自动喷淋灭火供水管网分设。

- 小区由两路电源供电，市政电网进入小区变配电室，再通过高压配电装置向各分变配电室进行配电，电力管线采用直埋敷设。
- 小区电信及智能化综合布线系统采用多孔电信管块直埋敷设。
- 天然气由市政两路中压管线引入小区调压箱，管线环状布置。

6. 采暖、通风与空调系统

- 住宅户内采用燃气壁挂炉低温地板辐射采暖，分户热计量分室控温。
- 合理布置空调室外机位置和风口，冷凝水有组织排放。设有机械新风系统，新风经过滤、加热加湿（冬季）或冷却（夏季）等处理后送入室内，新风量 $\geq 30m^3/$人·h；厨房设水平烟道有组织排放油烟，卫生间设水平风道机械排风装置。

7. 电气设备与设施

- 除布置洗衣机、冰箱、排风机械、空调等设专用单相三线插座外，电源插座数量：起居室、卧室、书房、厨房 ≥ 4 组；餐厅、卫生间 ≥ 2 组；阳台 ≥ 1 组。
- 每套住宅的空调电源插座、普通电源插座与照明分路设计，厨房电源插座和卫生间设独立回路；分支回路数量为 I ≥ 6。
- 住宅每个单元设 2 部电梯，其中 1 部为消防电梯。
- 楼梯公共部位设人工照明及声光控制开关，照度 $\geq 30lx$。
- 电表箱、电气、电信干线和公共功能的电气设备及用于总体调节和检修的部件，设在公共部位。

8. 无障碍设施

- 户内同层楼（地）面高差 $\leq 15mm$。
- 入户过道净宽 $\geq 1.5m$，其他通道净宽 $\geq 1.1m$，内门开启净宽度 $\geq 0.8m$。
- 单元入口处设无障碍人行坡道，电梯为无障碍电梯；住区内道路按无障碍要求设置，通行连贯；公共活动场所设置方便轮椅通行的坡道，地面平整、防滑；公用厕所设有满足无障碍设计要求的厕位和洗手盆。

5.3.2 住宅环境性能保障措施

1. 用地与规划

小区位于兰州雁滩新城区，建设用地原为黄河岸边滩涂荒地，经回填、处理改造为开发用地。小区远离城区污染，空气清新。住宅为南北朝向的板式建筑，按南低北高错落有序排列，保证有效日照间距，每一住户均享有良好的自然通风和充足的阳光。规划设计引导夏季主导风向的流通，阻挡冬季寒风侵袭，隔绝外界噪声干扰以及创造具有健康、温馨、朴素、亲切的居住环境。

2. 道路交通

- 小区道路系统架构清晰、顺畅。主干道环行布置，小区出入口设有车辆出入自动管理系统，机动车由小区入口进入主干道后，以最便捷的路径进入地下车库，实现人车分流。
- 消防车道与景观相结合，设计成隐形消防车道，不影响

138

景观。

- 小区出入口布置在东、南、西、北四个方向。
- 小区道路路面采用柏油路面，便道采用机制透水砖，本项目机动车停车率为100%，自行车停在地下一层。
- 小区主要出入口设有平面示意图，各组团、楼栋及单元（门）、户和公共配套设施、场地设有明显标志，住区周边设有多条公共汽车交通站，从出入口到达车站的步行距离不超过100m。

3. 市政基础设施条件

小区南侧的城市道路已建成通车，北侧道路和东侧道路已完成相应的管线和道路基础施工，预计2009年内通行。南侧和东侧道路上的城市配套设施均已接入小区，完全满足了项目开发建设使用要求。

4. 建筑造型

建筑形式简洁美观，具有鲜明的居住特征，建筑造型以"三段式"构成：顶部通过高低错落的悬挑构架，形成小区标志；中部简洁，利用阳台、凸窗和材料质感的变化，使立面产生虚实对比；底部通过尺寸适宜的外墙仿石砖及对颜色的恰当选择，营造出优雅又不失温馨的社区氛围。

5. 绿地配置

绿地采用集中绿地和分散绿地均衡布置；绿化率达51%，绿地率43%，人均绿地面积8.67m²，小区人均公共绿地面积为3.02m²。充分利用建筑散地、地下车库顶部、室外停车场、墙面、平台和消防通道进行绿化，绿地内步道和小型场地铺装面积为14%，并采用透水砖铺装，减少了热岛效应，达到平面上的系统性、空间上的层次性、时间上的

相关性，极大地丰富了园区景观效果。

6. 植物丰实度与绿化栽植

- 充分考虑居民享用绿地的需求，建设有益身心健康、消除疲劳的保健植物群落；利用植物群落生态系统的循环和再生功能，维护小区生态平衡。
- 园区以绿为主，在树种的搭配上，既考虑到满足生物学特性，又兼顾到绿化景观效果。
- 利用植物的观赏特性，进行色彩组合与协调乔、灌、藤、草、花的有机搭配，创造多层次的四季景观又无裸土现象。
- 植物选择以乡土树种为主，木本植物达百余种；乔木数量每100m²绿地面积大于等于8株。

7. 室外活动场地

- 硬质铺装在绿地中的配置占绿地面积的14%，部分铺装采用环保吸水砖铺设，其余部分均设有一定的坡度，将地面水渗透到四周绿地。
- 兰州鸿运润园小区配套设施十分完善，为业主提供的休闲娱乐设施包括：阅览室、网吧、美容美发和SPA中心；棋牌室、老人活动室、儿童娱乐中心；中西餐厅；健身中心、运动中心、网球场；会所、多功能厅，以及室内多功能体育馆；使业主文化体育活动形式多样。小区在主要景观节点上都设有小型公共广场；活动场地设休闲座椅和健身器材；儿童活动场所铺橡胶垫安全防护；园区设草坪灯、地灯、台阶灯、矮柱灯、路灯等室外照明设施。

8. 室外噪声与空气污染

- 选址远离城市主要交通干道。

- 机动车道采用沥青路面，检查井布置在车行道外，降低车行噪声。
- 绿化采用复合种植结构及水景、微地形等，既可有效降低小区噪声，又可净化空气。
- 建筑布局采用自然流畅的布局方式，设置短板楼，利于河谷风的引入和在小区穿行，缩短小区空气龄，保证空气清新。
- 噪声白天 ≤ 55dB（实测为 45.5 dB），夜间 ≤ 45dB（实测为 43.3 dB），夜间偶然噪声级 ≤ 55dB；无排放性污染，无溢出性污染源。采用天然气清洁燃料，空气污染物控制指标日平均浓度均不超过标准值。

9．污水和垃圾处理措施
- 小区采用雨污分流制，在室外设置化粪池，污水经化粪池处理后排入城市管线。
- 小区住宅每个单元及建筑物首层设置垃圾容器，小区内设三处垃圾集中存放站，生活垃圾采用袋装化封闭收集，每日清运。

10．公共服务设施
- 小区建有 24 班双语实验学校、双语教育幼儿园。设置有防疫、保健、医疗护理等医疗设施。
- 园区有两个多功能会所，其中第二会所设置多功能文体活动室，还设有游泳馆和儿童戏水设施。
- 园区室外设有儿童游乐场，儿童游乐设施采用专业厂家成套生产的组合设施，铺设柔软的橡胶安全防护地垫，设置警示牌等，有效保护儿童安全。
- 园区分组团和区域设有老年人活动场所与服务支援设施；室外健身器材采取了必要的防滑防跌措施；还设置了电子巡更应急呼叫系统。
- 小区设有中西餐厅、小型商业和沿街大型商场等社区服务设施；设置多处公共厕所；在道路和公共活动场地设置分类垃圾桶。
- 园区配有电瓶车，方便业主出行及搬家使用。

11．智能化系统
- 安全防范子系统包括闭路电视监控、周界防越报警、电子巡更、楼宇可视对讲、燃气泄漏报警与住宅报警装置等。
- 管理与监控子系统包括供电、燃气的 IC 卡管理和水表的户外计量、车辆出入管理、给排水的监控管理、变配电设备与电梯运行集中监控、物业管理计算机系统等。公共广播系统与背景音乐、消控中心联动，火灾时切换为消防广播。会所门口及楼宇门口设计有 LED 电子信息屏。管理与监控子系统设置齐全，可靠性高。
- 信息网络子系统：小区设电话、电视、宽带、通信网络综合信息箱；每户客厅、卧室、书房设电话、电视与宽带网接口，卫生间预留电话接口。
- 小区配有完善的运行管理制度，合理配置所需的办公与维护用房、设备及器材等。

5.3.3 住宅经济性能保障措施

节能	节能设计依据	甘肃省《采暖居住建筑节能设计标准节能 65%》(DB62/T 25-3033-2006)			
	节能设计指标	体形系数	0.23 ~ 0.26	遮阳系数	
		南向窗墙比	0.41 ~ 0.42	北向窗墙比	0.21 ~ 0.24
		西向窗墙比	0.07	东向窗墙比	0.07
		墙体传热 / 热惰性指标	0.51W/(m² · K)	外门传热 / 热惰性指标	1.60W/(m² · K)
		外窗传热 / 热惰性指标	2.80W/(m² · K)	屋顶传热 / 热惰性指标	0.48W/(m² · K)
	建筑热工技术措施	墙体材料：外墙为 200mm 厚钢筋混凝土剪力墙，填充部分采用 200mm 厚加气混凝土砌块；满足节能 65% 的构造要求			
		保温隔热措施：按照节能 65% 的标准设计，分户热计量一步到位，实现室温分室调节； 外墙采用 80mm 厚聚苯板外保温；填充墙采用加气混凝土砌块；分户墙两侧各抹 30mm 厚胶粉聚苯颗粒保温，楼板铺设 30mm 厚聚苯保温板；不采暖楼梯间与住宅相邻隔墙为 30mm 厚挤塑板保温；电梯井道采用 25mm 厚胶粉聚苯颗粒保温； 对窗口、窗台、凸窗、空调板、女儿墙等部位均用挤塑聚苯板进行包裹处理			
		门窗选择：中空玻璃塑钢窗，玻璃厚度 5+9+5（mm）；户门采用优质保温、隔声、防火、防盗四防门			
		屋面构造做法： 防滑地砖 细石混凝土 隔离 SBS 改性沥青防水卷材 水泥砂浆找平层 陶粒混凝土找坡层 聚苯板保温层 钢筋混凝土屋面板			
	建筑节能专项设计计算书	围护结构传热系数计算书 建筑各单体的建筑节能设计热工计算表 采暖负荷计算书			
	可再生能源利用情况	（1）板式建筑南北通透，错落排列，利用低窗台飘窗、落地阳台窗，窗扇平开上悬，充分利用自然采光和自然通风条件； （2）太阳能与建筑一体化热水系统			
节水	中水水源	城市污水处理场			
	中水用途	用于绿化、浇洒道路、冲洗地面			
	中水处理工艺的选择	利用小区东侧 2km 处城市污水处理厂按 I 级 B 标准处理后的水，作为小区绿化、浇洒道路、冲洗地面用水			
	中水利用的经济技术评价	每吨中水 0.5 元 /m³ 计算，有较好的经济效益			
	雨水回渗措施	室外地面采用减少地面铺装等措施以利于雨水就地入渗； 小区步道采用吸水砖铺设路面，加大回渗量			

	雨水收集利用的计算书、技术措施、用途	设集水井、蓄水池将雨水回收，作为绿化用水
节水	节水器具的选择	卫生洁具的五金配件用建设部指定的节水型产品；卫生间采用节水型卫生器具，坐便器采用容积≤6L的水箱，且有两档选择；使用节水型龙头；给水管及管件采用热熔连接的PP-R管材，不易漏损
	浇灌与景观用水的水源与用水方式	将城市污水处理厂的水回用于小区，作为小区绿化、浇洒道路、冲洗地面用水；绿化采用微喷和人工浇灌相结合的方式，节约用水
	公共设施的节水	公共卫生间选用延时自闭、感应自闭式水嘴或阀门；坐便器采用容积≤6L的水箱且为两档选择
节地	地下车库的停车比例	地下停车位占总停车位比例的76%
	主要户型的面宽与套型面积比值	一梯二户，户均面宽与户均面积比例是0.082；一梯三户，户均面宽与户均面积比值是0.073；住宅单元标准层使用面积系数：C20#楼端单元为86.24%，中单元为85.61%；C21#和C22#楼为89.00%；均大于72%
	地下空间利用情况	利用地下空间设置小区会所人防、汽车库、自行车库、储水池、库房及设备用房
	节地新措施的应用	(1) 利用黄河岸边的滩涂荒地进行回填、强夯改造处理后作为小区建设用地； (2) 将汽车库、自行车库、设备用房及主要库房、游泳健身等设置在地下，节省土地； (3) 新型墙体材料：非承重墙采用断热节能混凝土复合砌块
节材	可再生材料利用情况	钢材、工业废渣（粉煤灰及其制品、炉渣）、玻璃和聚苯板碎料等再生利用；PP-R管、HDPE管均属可再生材料
	节材技术措施的应用情况	本项目给水支管采用PP-R管，排水管材采用HDPE管；局部结构采用C45高强、高性能混凝土；采用HRB400高效钢筋；粗直径钢筋连接采用机械连接；地基基础技术采用换填级配砂卵石处理地基

5.3.4 住宅安全性能保障措施

1. 结构安全

- 岩土工程勘察由甲级设计院承担，结构工程设计由中国建筑设计研究院承担，施工图由当地专业审图机构审查。

- 住宅安全等级为二级，抗震设防类别为丙类，设计使用年限为50年。地基基础：地基基础满足承载力和稳定性要求，地基变形计算值很小，不影响上部结构安全和正常使用。荷载等级：基本风压、雪压按重现期50年采用，并符合建筑结构荷载规范要求。抗震设防：地震设防烈度为8度，地震加速度为0.2g，局部框支柱按中震不屈服设计，框支梁按中震弹性设计，高于抗震规范要求。

- 住宅建设由国内具有一级资质的建筑企业施工，并由甘肃省甲级资质监理单位监理。工程质量按北京长城杯和甘肃省飞天奖的标准进行施工和监督管理。

2. 建筑防火

- 20#楼由4个塔楼组成，一类高层建筑，每个塔楼每层为一个防火分区。

- 21#、22#楼各由2个塔楼组合，二类高层建筑，每个塔楼每层为一个防火分区，面积≤650m²。20#、21#、22#楼均按防烟楼梯间的要求设置疏散楼梯，耐火等级为一级。

- 每个单元设置2根消防立管，并形成环状，保证2支水枪能同时到达室内楼地面任何部位；消火栓箱有明显发光标识，且不被遮挡；设有火灾自动报警系统与自动喷水灭火装置；小区设有消防中控室。

- 室外消防给水系统、防火间距、消防道路及扑救面符合现行规范规定。
- 防火门（窗）的设置符合规范要求，防火门具有自闭式或顺序关闭功能。安全出口的数量及安全疏散距离、疏散走道和门的净宽符合国家现行规范的规定。
- 疏散楼梯的形式和数量符合国家现行相关规范的规定，消防电梯设置符合规范要求，消防电梯间及前室、疏散楼梯和走道设有火灾应急照明且有灯光疏散标识。

3. 燃气及电气设备安全

- 燃气器具采用国家认证产品，并具有质量检验合格证，燃气工程由专业单位进行设计施工，设有排风装置，灶具有熄火保护自动关闭阀的装置，户内设燃气泄漏报警装置。厨房和生活阳台考虑泄爆要求。
- 配电柜及主要材料均采用国家 3A 认证产品；配电系统保护措施完好无缺，保护功能齐全；防雷措施满足规范要求，防雷装置完善。接地电阻小于 1Ω，每栋建筑均设有 $2 \sim 3$ 个测试卡点；电梯及消防配电均设双电源自动投入功能，导线全部采用铜质，消防系统配电采用阻燃型，导线截面尺寸满足规范要求，导线穿管采用钢管。
- 配电系统采用 TN-C-S 系统，接地装置完整，设有等电位和局部等电位连接装置。电气竖井内设独立明敷的接地扁铁。
- 电梯选择采用高品质合资电梯且保证良好的安装质量和维保服务，必须经安全部门检验合格并发放运行许可证，定期进行年检。电气施工质量按规范验收；厨房、卫生间开

关插座均为防溅型，用户普通插座为漏电保护型开关。

4. 日常安全防范措施

- 每户设置防盗门，采用名牌厂家生产的具有防火、防撬、保温、隔声功能的四防门。
- 在小区出入口、小区主要干道、单元入口附近、地下车库、自行车库出入口、地上停车场等重点部位安装闭路监控系统，在小区围墙安装周界防越系统，底层和顶层住户家中设门磁和窗磁报警等电子防盗设施，对直通地下车库的电梯采取了门禁等安全防范措施。
- 厨房、卫生间，以及起居室、卧室、书房等地面和通道采取防滑防跌措施。
- 阳台栏杆、上人屋面女儿墙（栏杆）高度 ≥ 1100mm，杆体净距 < 110mm；楼梯栏杆高度为 900mm，杆体净距 < 110mm；室外无障碍坡道栏杆的高度为 900mm。室内外抹灰工程、室内外装修物牢靠。门窗安全玻璃的使用符合相关规范要求。

5. 建筑室内装修

- 墙体材料选用经国家有关部门检测合格的有规模、信誉好的商品混凝土供应商和轻型隔墙供应商，严格控制墙体材料的放射性污染和混凝土外加剂中释放氨的含量，不超过国标规定。
- 内装修采用中日集成技术材料和设备，选用进口或合资生产厂家的高品质新型节能环保产品，人造板及其制品、内墙涂料、胶粘剂、壁纸、天然或人造石材的有害物含量不超过国家有关规定。
- 室内氡、游离甲醛、苯、氨浓度，室内总挥发性有机化合物（TVOC）浓度，一氧化碳、二氧化碳、二氧化氮、

二氧化硫，以及可吸入颗粒物含量等，聘请国家权威机构检测，确保不超过国家现行相关标准的规定。

5.3.5 住宅耐久性能保障措施

1. 结构工程

- 勘察点数符合相关规范的要求，根据勘察报告，地下水对混凝土具有弱腐蚀性，对混凝土中的钢筋无腐蚀性。施工中除满足结构设计，限制水泥中的碱含量和最小水泥用量等要求外，在混凝土中另掺入粉煤灰和高效减水剂，减小水灰比，提高混凝土结构的抗渗性和耐久性。
- 地基基础结合上部结构特点和工程地质情况采用了整体性能良好的筏型基础及独立基础。主体结构采用了抗震性能和耐久性能良好的剪力墙体系。
- 结构设计和构造措施符合规范要求，结构设计（含基础）措施符合有关规范的要求。
- 防水工程与防潮措施：地下室有防水要求的混凝土结构构件采用的混凝土抗渗等级为 P8。

2. 装修工程

- 外墙装修采用外保温体系，用高效保温材料对主体结构外露部位（包括阳台、挑板）进行全方位包裹，减小温度变化对结构的不利影响；优选施工队伍和供货厂家，严格控制施工质量，确保外墙外保温、弹性涂料、外墙砖等装修的使用年限达到 ≥ 20 年的要求。
- 对进场的装修材料按照设计要求的全部耐用指标进行检验，保证符合设计要求的合格产品用于本工程。
- 为提高工程质量，本小区执行高级装饰标准，室内墙面层采用高档耐水腻子批白，观感质量良好。

3. 防水工程与防潮措施

- 屋面和卫生间的防水设计使用年限不低于 15 年，地下室防水设计使用年限不低于 50 年，同时采取 SBC 复合防水布，有效防止雨水、景观用水对建筑物散水、基础的侵蚀，提高了建筑物基础的耐久性。防水材料分别为合格的 SBS、JS 水泥基防水涂料产品。按设计要求对防水材料的全部耐用指标进行检验，严格控制进场质量，确保符合要求。
- 外墙外保温工程采用防水防裂聚合物砂浆、柔性耐水腻子和高弹性防水涂料。首层墙体与首层地面采取了防潮措施，全部防水工程（不含地下防水）都经过蓄水检验，质量验收合格，确保无渗漏现象。排水通畅，首层墙面和地面不潮湿。

4. 管线工程

- 管线工程设计使用年限大于 20 年。上水外线干管为优质球墨铸铁管，楼内立管采用内衬塑热镀锌钢管，支管为 PP-R 管，皆无污染，使用年限长；排水管线室内采用内壁光滑的 HDPE 静音管，室外采用双壁波纹管，无污染，使用年限长。
- 管线材料的耐用指标必须经检验符合要求。
- 施工中严格进行检验，确保进场材料满足设计要求的耐用指标。选择实力强的施工队伍进行施工，确保管线工程施工质量验收合格。

5. 设备

设备的设计使用年限不低于 20 年，并按使用年限提出了对设备的耐用指标要求。在此次 CⅣ 区建设中，将本着实施中日集成技术示范住宅的高标准，整合采用大量技术先进、质量可靠、经济适用的合资设备。优中选优，保证各种设备运行的优质高效、节能环保、舒适耐用，体现以人为本的理念。

6. 门窗

门窗的设计使用年限不低于 30 年，在招标采购中对门窗的反复开合次数、外窗的气密性、水密性和抗风压、耐候性、门窗五金件等耐用指标做出明确规定，并要求厂家提供国家有关部门的检测报告，部分指标还要进行现场实地检测。确保门窗全部为合格优质产品，加强对门窗各项耐用指标的进场检验，要求门窗生产厂家派高素质的专业安装人员进行门窗安装，确保门窗安装质量，使其无翘曲变形、面层无损伤、颜色一致，金属件无锈蚀、关闭严密、开启顺畅。

技术应用与成果

	节能技术和措施	性能指标
外墙	模塑聚苯板 80mm 厚	导热系数 0.041W/(m·K)，$K=0.51$ W/(m²·K)；
	每二层设置环绕型泡沫玻璃防火隔离带	导热系数 0.058W/(m·K)，密度 180kg/m³
屋面	挤塑聚苯板保温层 60mm	导热系数 0.029W/(m·K)，$K=0.48$ W/(m²·K)
地下室顶板／首层	挤塑聚苯板保温层 50mm	导热系数 0.029W/(m·K)，$K=0.58$ W/(m²·K)
楼板	30 厚挤塑聚苯板 +50 厚豆石混凝土 + 复合地板	导热系数 0.029W/(m·K)，$K=0.96$ W/(m²·K)
外窗	二玻一腔中空塑钢窗 5+9+5（mm）	$K=2.80$ W/(m²·K)
户门	高等级保温、隔声、防火、防盗四防门	2.0 W/(m²·K)
分户墙	两侧各抹 30mm 厚保温砂浆	导热系数 0.07W/(m·K)，$K=1.17$ W/(m²·K)
不采暖楼梯间与住宅相邻隔墙	挤塑聚苯板保温层 50mm	导热系数 0.029W/(m·K)，$K=0.58$ W/(m²·K)
电梯井道	采用 30mm 胶粉聚苯颗粒保温砂浆	

无热桥构造、气密性和隔声措施

门窗洞口	保温封堵及嵌缝密封膏
穿墙各种管线	采用绝热套管，止水密封胶带和密封胶封堵
楼板隔声	采用 5mm 隔声板
户内下水管道隔声	采用离心球墨铸铁管
外挑阳台／空调机板	50 厚聚苯板保温层闭合

采暖、制冷及新风

利用全热交换器主机和净化箱，通过风管将经净化后的室外新鲜空气持续送入室内，同时将室内污浊空气排出室外，并且在新风机内部通过热回收芯将排风中的能量回收利用；换热率 66%

生活热水

太阳能热水	分户式太阳能与燃气炉生活热水一体化系统

其他绿色技术

雨水回渗、雨水收集、城市污水利用

3A、专利、三星绿建证书

示范项目节能措施

鸿运·润园 厚积薄发

唯一的"中日集成住宅"即将震撼面市

兰州低碳节能住宅受关注

国人大副委员长、民建中央主席陈昌智在"鸿运润园"参观

中日集成技术 低碳住宅首选

鸿运·润园 引领永不止步

第八届中国国际住宅博览会
The 8th International Exhibition On Housing Industry

"鸿运·润园"再获两项殊荣

项目合作纪事

2007–12–06：项目启动；中日技术集成住宅示范工程交流会，提出"设计要求"草稿。

2007–12–11：提出户型设计方案草图讨论稿；针对设计方案草图提出问题，进行再优化，明确了在户型优化中应解决的问题和方案优化所遵循的原则。

2007–12–13：各专业进行方案调整后的第一次讨论。

2007–12–17：与甲方面对面沟通户型讨论稿第一版。

2007–12–25：各专业针对日方提供的合作设计合同文本进行讨论。

2007–12–27：日方市浦设计公司与中方中国建筑设计研究院举办技术交流会。

2008–01–04：户型方案第二版讨论会。

2008–01–09：方案评审会。

2008–01–28：讨论 20#、21#、22#、会所、地下车库抗浮问题，明确结构方案、层高、室内外高差、下跃户型等具体问题。

2008–02–16：甲方对户型设计进行方案确认。

2008–02–19：施工图设计启动会。

2008–02–28：日方住宅样板间室内设计启动会。

2008–03–08：针对贝尔高林公司的景观设计图纸进行讨论，确定下沉庭院与环境的关系。

2008–03–19：兰州鸿运润园 20#、21#、22# 住宅及地下车库会所标高和层高确认。

2008–03–27：设备专业中日沟通会。

2008–04–18：与日本株式会社市浦住宅城市规划设计事务所签订兰州鸿运润园 20#、21#、22# 楼六套指定集成技术样板房设计三方合同。

2008–05–09：日方室内装修方案汇报。

2008–07–03：完成施工图设计。

2009–01–16：申报住宅性能认定，评定为三星级标准。

2009–03–25：日方完成室内设计施工图。

2009–10–30：完成施工图审查。

2009–11–12：完成人防施工图审查。

2009–11–25：项目开工建设。

2011–01–27：与大连通世泰建材有限公司签订中日集成住宅样板间部品生产加工、制作安装工程合同。

2011–03–15：大连通世泰建材有限公司入场并移交工作面。

2011–05–11：项目主体验收。

2011–09–06：签订中日集成住宅整体部品施工安装合同。

2012–08–13：中日集成住宅整体部品施工安装开工。

2013–05–28：项目竣工验收。

2014–12–30：通过住房和城乡建设部绿色建筑设计标识三星认证。

148

项目参与人员

业主团队

项目总指挥　刘永辉

执行经理　刘永强

生产经理　李　琦

技术总监　杜卫东

施工管理　董爱梅　曹　伟　马永生　周　洁

陈　华　李昌山　王举成　卢金学

李建华　李建平　范学飞　王　羚

罗　丹　陈　凉　刘韧锐　曹升平

设计团队

设计主持　刘燕辉　韩亚非

建筑设计　胡　璧　黄　路　师亚新　贾　丽

结构设计　张兰英　蔡玉龙　阚　轩

给排水设计　关　维

暖通设计　张　昕

电气设计　王京生

总图设计　魏　曦

室内设计　井上淳哉（日）　闫英俊（日）

外事负责人　张　艳

图书在版编目（CIP）数据

技术集成住宅的本土化实践——兰州鸿运润园／中国建
筑设计研究院编. —北京：中国建筑工业出版社，2015.6
（中国建筑设计研究院设计与研究丛书）
ISBN 978-7-112-18045-5

Ⅰ.①技… Ⅱ.①中… Ⅲ.①住宅－建筑设计 Ⅳ.①TU241

中国版本图书馆CIP数据核字（2015）第082514号

责任编辑：张　建
责任校对：李美娜　刘　钰

中国建筑设计研究院设计与研究丛书

技术集成住宅的本土化实践——兰州鸿运润园
中国建筑设计研究院　编
＊
中国建筑工业出版社出版、发行（北京西郊百万庄）
各地新华书店、建筑书店经销
北京锋尚制版有限公司制版
北京雅昌艺术印刷有限公司印刷
＊
开本：889×1194毫米　1/20　印张：7⅗　字数：245千字
2015年11月第一版　2015年11月第一次印刷
定价：**85.00元**
ISBN 978 - 7 - 112 - 18045 - 5
（27290）